U0396023

江苏省文化产业引导资金文化艺术精品项目
江苏省“十三五”重点图书出版规划项目

# 拉萨城市与建筑

焦自云　欧雷　著

# City and Architecture in Lhasa

Himalayan Series of Urban and Architectural Culture

# 行走在喜马拉雅的云水间

## 序

2015年正值南京工业大学建筑学院（原南京建筑工程学院建筑系）成立三十周年，我作为学院的创始人，在10月举办的办学三十周年庆典和学术报告会上，汇报了自己和团队自1999年以来走进西藏、2011年走进印度，围绕喜马拉雅山脉17年以来所做的研究。研究成果的体现，便是这套“喜马拉雅城市与建筑文化遗产丛书”问世。

出版这套丛书（第一辑15册）是笔者和学生们多年的宿愿。17年来我们未曾间断，前后百余人，30多次进入西藏调研，7次进入印度，3次进入尼泊尔，在喜马拉雅山脉相连的青藏高原、克什米尔谷地、拉达克列城、加德满都谷地都留下了考察的足迹。研究的内容和范围涉及城市和村落、文化景观、宗教建筑、传统民居、建筑材料与技术等与文化遗产相关的领域，完成了50篇硕士学位论文和4篇博士学位论文，填补了国内在喜马拉雅文化遗产保护研究上的空白，并将藏学研究和喜马拉雅学的研究结合起来。研究揭示了喜马拉雅山脉不仅是我们这一星球上的世界第三极，具有地理坐标和地质学的重要意义，而且在人类的文明发展史和文化史上具有同样重要的价值。

喜马拉雅山脉东西长2 500公里，南北纵深300~400公里，西北在兴都库什山脉和喀喇昆仑山脉交界，东至南迦巴瓦峰雅鲁藏布大拐弯处。在喜马拉雅山脉的南部，位于南亚次大陆的印度主要由三个地理区域组成：北部喜马拉雅山区的高山区、中部的恒河平原以及南部的德干高原。这三个区域也就成为印度文明的大致分野，早期有许多重要的文明发迹于此。中国学者对此有着准确的描述，唐代著名学者道宣（596—667）在《释迦方志》中指出：“雪山以南名为中国，坦然平正，冬夏和调，卉木常荣，流霜不降。”其中“雪山”指的便是喜马拉雅山脉，“中国”指的是“中天竺国”，即印度的母亲河恒河中游地区。

季羡林先生把古代世界文化体系分为中国、印度、希腊和伊斯兰四大文化，喜马拉雅地区汇聚了世界上四大文化的精华。自古以来，喜马拉雅不仅是多民族的地区，也是多宗教的地区，包括了苯教、印度教、佛教、耆那教、伊斯兰教以及锡克教、拜火教。起源于印度的佛教如今在印度的影响力已经不大，但佛教通过传播对印度周边的国家产生了相当大的影响。在中国直接受到的外来文化的影响中，最明显的莫过于以佛教为媒介的印度文化和希腊化的犍陀罗文化。对于这些文化，如不跨越国界加以宏观、大系统考察，即无从正确认识。所以研究喜马拉雅文化是中国东方文化研究达到一定阶段时必然提出的问题。

从东晋时法显游历印度并著书《佛国记》开始，中国人对印度的研究有着清晰的历史脉络，并且世代传承。唐代玄奘求学印度并著书《大唐西域记》；义净著书《大唐西域求法高僧传》和《南海寄归内法传》；明代郑和下西洋，其随从著书《瀛涯胜览》《星槎胜览》《西洋番国志》，对于当时印度国家与城市都有详细真实的描述。进入 20 世纪后，中国人继续研究印度。蔡元培在北京大学任校长期间，曾设“印度哲学课”。胡适任校长后，又增设东方语言文学系，最早设立梵文、巴利文专业（50 年代又增加印度斯坦语），由季羡林和金克木执教。除了季羡林和金克木，汤用彤也是印度哲学研究的专家。这些学者对《法显传》《大唐西域记》《大唐西域求法高僧传》和《南海寄归内法传》进行校注出版，加入了近代学者科学考察和研究的新内容，在印度哲学、文学、语言文化、历史、地理等领域多有建树。在中国，研究印度建筑的倡始者是著名建筑学家刘敦桢先生，他曾于 1959 年初率我国文化代表团访问印度，参观了阿旃陀石窟寺等多处佛教遗址。回国后当年招收印度建筑史研究生一人，并亲自讲授印度建筑史课，这在国内还是独一无二的创举。1963 年刘敦桢先生 66 岁，除了完成《中国古代建筑史》书稿的修改，还指导研究生对印度古代建筑进行研究并系统授课，留下了授课笔记和讲稿，并在《刘敦桢文集》中留下《访问印度日记》一文。可惜 1962 年中印关系恶化，以致影响了向印度派遣留学生的计划，随后不久的“十年动乱”，更使这一研究被搁置起来。由于历史的原因，近代中国印度文化研究的专家、学者难以跨越喜马拉雅障碍进入实地调研，把青藏高原的研究和喜马拉雅的研究结合起来。

意大利著名学者朱塞佩·图齐（1894—1984）是西方对于喜马拉雅地区文化探索的先驱。1925—1930 年，他在印度国际大学和加尔各答大学教授意大利语、汉语和藏语；1928—1948 年，图齐八次赴藏地考察，他的前五次（1928、1930、1931、1933、1935）藏地考察均从喜马拉雅山脉的西部，今天克什米尔的斯利那加（前三次）、西姆拉（1933）、阿尔莫拉（1935）动身，沿着河流和山谷东行，即古代的中印佛教传播和商旅之路。他首次发现了拉达克森格藏布河（上游在中国境内叫狮泉河，下游在印度和巴基斯坦叫印度河）河谷的阿契寺、斯必提河谷（印度喜马偕尔邦）的塔波寺（西藏藏佛教后弘期重要寺庙，两处寺庙已经列入《世界文化遗产名录》），还考察了托林寺、玛朗寺和科迦寺的建筑与壁画，考察的成果便是《梵天佛地》著作的第一、二、三卷。正是这些著作奠定了图齐研究藏族艺术和藏传佛教史的基础。后三次（1937、1939、1948）的藏地考察是从喜马拉雅中部开始，注意力转向卫藏。1925—1954 年，图齐六次调查尼泊尔，拓展了在大喜马拉雅地区的活动，揭开了已湮没的王国和文化的神秘面纱，其中印度和藏地的邂逅是最重要的主题。1955—1978 年，他在巴基斯坦北部的喜马拉雅山麓，古代称之为乌仗那的斯瓦特地区开展考古发掘，期间组织了在阿富汗和伊朗的考古发掘。他的一生学术成果斐然，成为公认的最杰出的藏学家。

图齐的研究不仅涉及佛教，在印度、中国、日本的宗教哲学研究方面也颇有建树。他先后出版了《中国古代哲学史》和《印度哲学史》，真正做到“跨越喜马拉雅、扬帆印度洋”，将中印文化的研究结合起来。

终其一生，他的研究都未离开喜马拉雅山脉和区域文化。继图齐之后，国际上对于喜马拉雅的关注，不仅仅局限于旅游、登山和摄影爱好者，研究成果也未囿于藏传佛教，这一地区的原始宗教文化艺术，包括印度教、耆那教、伊斯兰教甚至苯教都得到发掘。笔者手头上就有近几年收集的英文版喜马拉雅艺术、城市与村落、建筑与环境、民俗文化等多种书籍，其中有专家、学者更提出了“喜马拉雅学”的概念。

长期以来，沿着青藏高原和喜马拉雅旅行（借用藏民的形象语言“转山”）时，笔者产生了一个大胆的想法，将未来中印文化研究的结合点和突破口选择在喜马拉雅区域，建立“喜马拉雅学”，以拓展藏学、印度学、中亚学的研究范围和内容，用跨文化的视野来诠释历史事件、宗教文化、艺术源流，实现中印间的文化交流和互补。“喜马拉雅学”包含了众多学科和领域，如：喜马拉雅地域特征——世界第三极；喜马拉雅文化特征——多元性和原创性；喜马拉雅生态特征——多样性等等。

笔者认为喜马拉雅西部，历史上“罽宾国”（今天的克什米尔地区）的文化现象值得借鉴和研究。喜马拉雅西部地区，历史上的象雄和后来的“阿里三围”，是一个多元文化融合地区，也是西藏与希腊化的犍陀罗文化、克什米尔文化交流的窗口。罽宾国是魏晋南北朝时期对克什米尔谷地及其附近地区的称谓，在《大唐西域记》中被称为“迦湿弥罗”，位于喜马拉雅山的西部，四面高山险峻，地形如卵状。在阿育王时期佛教传入克什米尔谷地，随着西南方犍陀罗佛教的兴盛，克什米尔地区的佛教渐渐达到繁盛点。公元前 1 世纪时，罽宾的佛教已极为兴盛，其重要的标志是迦腻色迦（Kanishka）王在这里举行的第四次结集。4 世纪初，罽宾与葱岭东部的贸易和文化交流日趋频繁，谷地的佛教中心地位愈加显著，许多罽宾高僧翻越葱岭，穿过流沙，往东土弘扬佛法。与此同时，西域和中土的沙门也前往罽宾求经学法，如龟兹国高僧佛图澄不止一次前往罽宾学习，中土则有法显、智猛、法勇、玄奘、悟空等僧人到罽宾求法。

如今中印关系改善，且两国官方与民间的经济、文化合作与交流都更加频繁，两国形成互惠互利、共同发展的朋友关系，印度对外开放旅游业，中国人去印度考察调研不再有任何政治阻碍。更可喜的是，近年我国愈加重视“丝绸之路”文化重建与跨文化交流，提出建设“新丝绸之路经济带”和“21 世纪海上丝绸之路”的战略构想。“一带一路”倡议顺应了时代要求和各国加快发展的愿望，提供了一个包容性巨大的发展平台，把快速发展的中国经济同沿线国家的利益结合起来。而位于“一带一路”中的喜马拉雅地区，必将在新的发展机遇中起到中印之间的文化桥梁和经济纽带作用。

最后以一首小诗作为前言的结束：

我们为什么要去喜马拉雅？
因为山就在那里。
我们为什么要去印度？
因为那里是玄奘去过的地方，
那里有玄奘引以为荣耀的大学
——那烂陀。

行走在喜马拉雅的云水间，
不再是我们的梦想。
边走边看，边看边想；
不识雪山真面目，只缘行在此山中。

经历是人生的一种幸福，
事业成就自己的理想。
慧眼看世界，视野更加宽广。
喜马拉雅，
不再是阻隔中印文化的障碍，
她是一带一路的桥梁。

在本套丛书即将出版之际，首先感谢多年来跟随笔者不辞辛苦进入青藏高原和喜马拉雅区域做调研的本科生和研究生；感谢国家自然科学基金委的立项资助；感谢西藏自治区地方政府的支持，尤其是文物部门与我们的长期业务合作；感谢江苏省文化产业引导资金的立项资助。最后向东南大学出版社戴丽副社长和魏晓平编辑致以个人的谢意和敬意，正是她们长期的不懈坚持和精心编校使得本书能够以一个充满文化气息的新面目和跨文化的新内容出现在读者面前。

主编汪永平

2016 年 4 月 14 日形成于乌兹别克斯坦首都塔什干 Sunrise Caravan Stay 一家小旅馆庭院的树荫下，正值对撒马尔罕古城、沙赫里萨布兹古城、布哈拉、希瓦（中亚四处重要世界文化遗产）考察归来。修改于 2016 年 7 月 13 日南京家中。

# 目 录

CONTENTS

拉萨是西藏高原上的一座历史古城。自公元7世纪吐蕃王朝的赞普松赞干布兴建逻些城始，拉萨几经兴衰，并最终成为西藏地方的政治与文化中心，至今已有1 500多年的历史。松赞干布时于逻些兴建的大昭寺存留至今，伴随着佛教在西藏的跌宕发展，大昭寺逐渐成为藏传佛教信徒们心目中的圣地。拉萨与之相伴，其地位较藏传佛教文化圈中的其他古城而言具有更高的知名度；同时，拉萨也是藏民族所兴建的古城中最具典型性特征的城市。与大昭寺在藏传佛教信徒们心中的地位，以及大昭寺在少数民族建筑史上的地位相比，拉萨在城市史研究领域中所收获的学界关注度则远远不足。直到20世纪90年代，随着藏式传统建筑研究的展开，拉萨作为西藏地方的中心之城才开始进入研究者的视野。

伴随西藏开放之路的拓展，雄踞雪域高原的西藏传统城市文化又重新走入大众的视野，受诸多因素影响而产生的隔绝之势也逐渐消解。当前飞速进展的城市化已然惠及西藏，以拉萨、日喀则等城市为代表，发展速度之快让世人感叹。城区面积飞速扩张，生活方式日益变革，城市正以日新月异的面貌见证着发展。然而，也有人认为现代化进程的发展破坏了世界最后的一方净土，新建筑的大量植入影了原有的地域特色，让这被唤作"天堂"的地方蒙上了现代城市喧嚣的面纱，少了往日的宁静。本书对于拉萨城市历史的研究，既可以丰富城市史体系和理论，也可为城市发展实践提供思考和借鉴。

# 第一章　拉萨的历史沿革

第一节　吐蕃时期至帕竹政权时期拉萨的发展演变

第二节　甘丹颇章政权时期拉萨城的发展演变

## 第一节　吐蕃时期至帕竹政权时期拉萨的发展演变

拉萨历史悠久，可溯源及公元7世纪的吐蕃王朝时期。从其诞生发展至今，几经兴衰，最终成为西藏地方的政治、经济、文化中心。其发展历程可大致划分为以下几个阶段：吐蕃王朝赞普松赞干布统治时期是拉萨城的初建阶段；松赞干布之后的吐蕃王朝时期，是拉萨作为佛教文化中心之城的发展阶段；西藏分裂前期的拉萨多灾多难，使其处于停滞发展、渐趋衰败的阶段；西藏分裂中后期之时，佛教文化再度弘传，拉萨作为佛教弘传的据点开始重新萌发；元明时期，萨迦地方政权和帕木竹巴地方政权先后管理西藏地方，统一政权下的拉萨蓄积待兴，并逐渐提升为西藏佛教文化的中心之城，为清代拉萨的全面复兴奠定了基础。清代是拉萨城市发展的全盛阶段，格鲁派的兴盛与甘丹颇章政权的建立与巩固，使拉萨得以成为政教合一政权的首府之城；晚清时期，随着外来势力与文化的侵入，拉萨也进入了城市发展的转型阶段，表现出顽强的生命力。今天的拉萨日新月异，发展速度之快是古城所无法比拟的，尤其西藏民主改革后是拉萨的迅猛发展阶段。

### 1. 吐蕃时期的拉萨历史沿革

（1）吐蕃早期拉萨地区的城镇发展

拉萨地区自古就有居民生活。1990年拉萨曲贡遗址发掘工作成果的取得，无疑是一有力证明。该遗址地处拉萨北郊曲贡村附近，属拉萨河谷边缘地带，海拔3 680~3 690米，是迄今已发掘的海拔最高的新石器时代文化遗址。根据考古学家初步推定为公元前2000年，或稍早一些，大体与中原龙山文化的晚期相当。除30多座墓葬外，遗址中主要发掘了10多座灰坑，其丰富的出土遗存证明当时拉萨地区已经有居民的定居点。

在从原始社会向奴隶社会推进的过程中，西藏进入了藏文史料统称的十二列国和四十小邦的统治时期。西藏古人的各氏族部落之间为寻求生存而相互争斗，征服吞并，最终“在藏区上、中、下三部地区形成了岱本或十二个小邦国，偏远地方的氏族部落大都像以前一样割据，藏族史书将这些称为‘十二列国’和‘四十小邦’”[1]。依据《敦煌古藏文文献探索集》小邦邦伯家臣及赞普世系之记载：“遍

1 恰白·次旦平措，诺章·吴坚，平措次仁．西藏通史——松石宝串[M].第2版．陈庆英，格桑益西，何宗英，等译．拉萨：西藏古籍出版社，2004：26-27.

布各地之小邦，各据一堡寨。”[1]并逐一列举各小邦王及小邦大臣之名，又曰：“古昔各地小邦王子及其家臣应世而出，众人之主宰，掌一大地面之首领，王者威猛相臣贤明，谋略深沉者相互剿灭，并入治下收为编氓，最终，以鹘提悉补野之位势莫敌最为崇高。他施天威震慑，行王道治服。”[2]从这些记载中可知鹘提悉补野的权势最为强劲，事实也证明最终是鹘提悉补野统一了西藏高原各部，由此进入了辉煌的吐蕃王朝时期。

鹘提悉补野王统世系始于聂墀赞普[3]之时，“蔡弥穆杰和宗弥恰嘎担任此赞普的神师，创建了雍布拉康宫。部分苯教史书记载，聂墀赞普时期创建了‘索喀尔雍仲拉孜’和‘青瓦达孜宫’，苯教得到了发展”[4]。悉补野世系中的第二代穆墀赞普时，建苯教城堡“科玛乃邬琼宫”。悉补野世系中的第三代丁墀赞普时，建造苯教城堡“科玛央孜宫”。悉补野世系中的第四代索墀赞普时，修建苯教城堡“固拉固切宫”。悉补野世系中的第五代德墀赞普时，修建苯教城堡“索布琼拉宫”。悉补野世系中的第六代墀贝赞普时，创建了苯教城堡“雍仲拉孜宫”。第七代王止贡赞普时，修建了苯教城堡“萨列切仓宫”[5]。从以上苯教史书中的相关记载中可见：悉补野王统早期的诸位赞普在位之时都会兴建新的宫殿。其后从第九代赞普布德贡杰时起至第十五代赞普肖烈时止，在雅砻河谷的青城（今山南地区琼结县）的青瓦达孜山上，曾先后兴建了达孜、桂孜、扬孜、赤孜、孜母琼结、赤孜邦都六座王宫，其中达孜宫（即青瓦达孜宫）在六宫中最负盛名，这在许多藏文典籍中都有记载[6]。可见吐蕃与中原汉地对宫殿的兴建与利用不同，中原汉地各朝兴建的宫殿，如无特殊原因选择迁都，多能终其一朝一直沿用。而悉补野王统则倾向于每有赞普继位，常会选址兴建新的王宫，原有的王宫或继续沿用做它途，

1 敦煌古藏文文献探索集[M]. 王尧，陈践，译注 . 上海：上海古籍出版社，2008：124.

2 敦煌古藏文文献探索集[M]. 王尧，陈践，译注 . 上海：上海古籍出版社，2008：125.

3 赞普：为吐蕃人称呼其君主之特有名词。其意义据《新唐书·吐蕃传》之解释为：“其俗谓雄强曰赞，丈夫曰普，故号君长曰赞普。”就藏字本身意义而言，“赞”为吐蕃人所敬畏的魔神；“普”为阳性字尾，意思就是视其君长为神的化身，具无比威灵。其反映了吐蕃的意识形态与信仰，赞普就是天神，赞普本身就具有神的特质与能力，他的统治权既非“神授”，亦非“受命自天”。

4 恰白·次旦平措，诺章·吴坚，平措次任 . 西藏通史——松石宝串[M]. 第 2 版 . 陈庆英，格桑益西，何宗英，等译 . 拉萨：西藏古籍出版社，2004：26-27.

5 参见：恰白·次旦平措，诺章·吴坚，平措次任 . 西藏通史——松石宝串[M]. 第 2 版 . 陈庆英，格桑益西，何宗英，等译 . 拉萨：西藏古籍出版社，2004：26-27.

6 杨嘉铭，赵心愚，杨环 . 西藏建筑的历史文化[M]. 西宁：青海人民出版社，2003：17.

或就此慢慢荒置废弃。由是亦可理解，缘何松赞干布成为赞普之后，会另选址拉萨来兴建宫殿，即史书所谓的“迁都拉萨”，这也是其中的因素之一。

其实早在松赞干布的祖父达日年西（或译达布聂斯、达布聂色）之时，今拉萨河流域即由森波杰（王）达甲吾和墀邦松分别统治。《敦煌古藏文文献探索集》之赞普传记中记载：“秦瓦达则城堡，王达布聂色居焉；辗噶尔旧堡，有森波杰达甲吾在；悉补尔瓦之宇那，有森波杰墀邦松在焉。”[1]又言达甲吾之“偏听轻信，颠倒为之”“背离风俗，改变国政恣意妄为”[2]，最终导致森波内乱，墀邦松乘机消灭了达甲吾，吞并其领地。时有森波臣民不服墀邦松的统治，向达日年西请兵击森波，只惜“尚未发兵之际，悉补野之赞普达布升遐”。达日年西之子囊日松赞（或伦赞伦纳）继而挑起重担，重新同森波的反叛者朗氏、娘氏、农氏、次邦氏等四姓六人结盟立誓，得到了娘氏等人对吐蕃王效忠不渝的保证，尔后“亲率精兵万人，启程远征……遂攻破宇那堡寨，灭顽敌魁渠森波杰”，并“改岩波之地名为彭域（今拉萨之东北彭波农场一带）”[3]。原属森波王的吉曲（拉萨河）流域一带成为吐蕃的属地，由此大部分卫、藏地区基本上纳入其管辖范围。随着吐蕃的军力强盛和领土扩张，赞普囊日松赞也随之徙居雅鲁藏布江北岸吉曲河畔的墨竹工卡一带，并兴建多处王宫，如墨竹的强巴米久林城堡、赤萨兑嘎之王宫等。松赞干布就出生于强巴米久林城堡[4]。可见至松赞干布掌政之前，吐蕃的军政权力中心已从亚隆移至吉曲河畔附近，为其后松赞干布就近选址于吉曲河畔，兴建逻些（拉萨）奠定了基础。

拉露女士在其所编制的《古代吐蕃小王国国名录》中则称：“他们居住在十二个堡寨中（连同赞普所居住的庐帐在内共有十三个）。”[5]这里的“庐帐”实际就是帐篷的一种，即说明赞普也居住在帐篷之中；“牙帐”即是供赞普及其王室使用的一种帐篷，汉文史籍中称之为“拂庐”（图 1-1）。赞普所居之牙帐及百姓所居之拂庐，说明当时吐蕃仍保留有游牧的生活习俗。

然而从史书记载中又可知悉补野王统的发源之地是山南乃东、泽当、琼结一

1、2、3 敦煌古藏文文献探索集[M]. 王尧，陈践，译注 . 上海：上海古籍出版社，2008：105.

4 强巴米久林城堡，即今拉萨以东约70公里处墨竹工卡县甲马村，史称“亚嫩札对园之强巴米久林宫”，强巴米久林意即“慈心不变洲”之宫。

5 转引自：傅崇兰 . 拉萨史 [M]. 北京：中国社科院出版社，1994：27.

带，也是西藏较早出现农业的地方之一。藏族古代史中记载有所谓的“吐蕃七贤臣”及其事迹，其中第一位贤臣如来杰出现在吐蕃早期王统之第九代赞普布德贡甲当政时期，关于他的业绩，《汉藏史集》言：“在如来杰和他的儿子拉如果噶当大臣的时期，驯化了野牛，将河水引入渠，将平地开垦为农田”[1]，其他如《贤者喜宴》《西藏王臣记》《王统世系明鉴》《新红史》等史书中也同样都谈及如来杰(或及其子)在农业方面的事迹，可见吐蕃早期农业已经出现。其后第二位贤臣拉布果噶（或称拉如果噶）的事迹之一是开始用水浇地。《汉藏史集》称其功业是：“制定了统计牲畜数量和测量土地的单位，蓄积湖水使水流入渠中，将溪涧之水引入池塘，使水源得到利用。在此之前，吐蕃没有用水浇地的，从这时开始有了水浇地。”[2]《汉藏史集》也记载有第三位贤臣赤多日朗察的业绩之一是发展农业，“使用犏牛、黄牛实行耦耕，使平川地都得到开垦”[3]。而《贤者喜宴》记之为制造升、斗、秤等度量衡器，并出现按双方意愿进行的商业。据史籍推测，当以《贤者喜宴》记载为准[4]。由上可知，农业在吐蕃早期出现和发展的状况。悉补野王统的崛起也正因农业的发展而成为可能。农业的兴起在一定程度上对吐蕃原有以狩猎、畜牧为主的生活方式产生了深远的影响，形成了吐蕃两种生活方式的并存，即逐水草而居的生活方式和农耕定居的生活方式。其生活起居的建筑类型分别是拂庐和碉房，这对吐蕃时期城镇的形制必然会产生一定的影响。

图 1-1　大昭寺壁画：吐蕃时期的“拂庐”

1、2、3 达仓宗巴·班觉桑布．汉藏史集：贤者喜乐赡部洲明鉴[M]．陈庆英，译．拉萨：西藏人民出版社，1986.

4 张云．唐代吐蕃史与西北民族史研究[M]．北京：中国藏学出版社，2004：166-172.

（2）从吉雪沃塘到逻些——松赞干布时期拉萨城的诞生

鹘提悉补野王统世系传承至第三十二代赞普松赞干布（或墀都松）之时，《敦煌古藏文文献探索集》之赞普传记中记载："父王所属庶民心怀怨恨，母后所属庶民公开叛离，外戚如象雄（羊同）、犏牛苏毗、聂尼达布、工布、娘布等均公开叛变，父王囊日伦赞被进毒遇弑而薨逝"[1]，可谓内外交困。但是松赞干布以其雄才大略、文治武功平复所统诸部，进而一统西藏高原，使吐蕃走上了全兴的道路，由此奠定了吐蕃王朝的强大根基。

据藏文史籍所载，松赞干布出于政治和军事的需要，首先考虑迁都之事。在详细考察吐蕃中部地区的地形地貌后，发现吉曲河（拉萨河）下游吉雪沃塘（意思是吉曲河下游的牛奶坝子）一带，景致优雅，地势宽阔平坦，中间的三座小山[2]与左右山脉分离独立，仿佛狮子跃空，其中玛波日（红山）地势优越，周围之景可尽收眼底。于是决定在红山之上修建宫殿，迁居于此。史载松赞干布统治之时，将吐蕃全境分成五个茹（翼），五十个千户，加上象雄（羊同）十一个千户，共计六十一个千户，其中今西藏中南部地区分为四个茹，即藏文史书经常提到的"卫藏四茹"：卫茹（中翼）、腰茹（左翼）、叶茹（右翼）和茹拉[3]，第五茹则是西藏北部的孙波茹（苏毗）。拉萨即属于其中的卫茹（中翼），是松赞干布执政时期的权力中心。

在藏文史籍中，逻些地方寺庙的兴建常与松赞干布迎娶公主之事联系在一起。史称松赞干布以联姻作为实现政治目的的一种策略，共娶有五位王妃，其中所娶同族三位王妃分别是芒妃墀嘉、象雄妃勒托曼和木雅茹央妃。经赞普允准，她们分别在逻些修建了札耶巴拉康、梯布廓拉康和扎拉贡布拉康，其中的梯布廓拉康的位置，现已无法确定，其他两座拉康则分别是位于今拉萨市的扎耶巴、扎拉鲁普。另有两位联姻的外族公主分别是泥婆罗（尼泊尔）的墀尊公主和唐朝的文成公主。两位公主分别给吐蕃带来了一尊释迦牟尼佛像，并于公元 643 年至公元 648 年之

1 敦煌古藏文文献探索集[M]. 王尧，陈践，译注 . 上海：上海古籍出版社，2008：112.

2 指玛波日山即布达拉红山；夹波日山，在布达拉西南孤峰耸出，上有医学院，俗称药王山；邦瓦日山，又在夹波日山之西，连岗稍低，上有关帝庙，俗称磨盘山。此三山为拉萨平原突起之三峰。

3 以今拉萨为中心的"卫茹"（"伍茹"）；以今山南昌珠为中心的"腰茹"（或译"约茹"）；以今后藏南木林县和谢通门县为中心的"叶茹"和"茹拉"。

间兴建有大昭寺[1]（羊土神变寺、羊土幻现寺）和小昭寺[2]（甲达绕木齐寺），这对于佛教在吐蕃的传播起到了一定的推动作用，也被后世崇佛的史家们所津津乐道。如《布顿佛教史》中记载："王妃墀尊在堆窝塘湖（Gdod-vo-thang）上建筑石堡，系用坚木支架，以垅泥涂抹；驱使山羊驼土填湖，建成了羊土神变（幻现）寺[3]。文成公主修建了绕木齐（Ra-mo-che 大牝山羊，因修建此寺是曾用山羊驼土，故名）寺（小昭寺）。"[4]（图 1-2）虽然松赞干布允准兴建了许多佛寺，但其"建寺思想和目的都是苯教的观念"[5]。佛教初传入吐蕃之时，限于上层王室贵族之中，因而其在民间的影响力并不大，所以不可能出现对佛殿大昭寺的顶礼膜拜。而且

图 1-2 壁画：大昭寺的兴建 1

1 大昭寺：蒙语称为"伊克昭庙"。"昭"是从梵语"招提"来的。《慧琳音义》释"招提"为僧房。不过大昭之名始见于清代史书，唐时之称则有不同。《新唐书 · 地理志》记载："经佛堂百八十里至勃令驿鸿胪馆"，内中佛堂一地名，可能就是当时所称祖拉康的意译（《藏文史料集》第 342 页）。

2 小昭寺：蒙语称为"巴汉昭庙"。

3 羊土神变（幻现）寺，即大昭寺。绕萨，译音"山羊土"，古译"逻些"或"逻娑"，即大昭寺的古称。传说初修建此庙时，自山羊背土填湖，因此得名。

4 布顿佛教史 . 转引自：黄明信 . 吐蕃佛教 [M]. 北京：中国藏学出版社，2010：18-19.

5 黄明信 . 吐蕃佛教 [M]. 北京：中国藏学出版社，2010：35.

图 1-2 壁画：大昭寺的兴建 2

图 1-2 壁画：大昭寺的兴建 3

在汉文史籍也未见记载，其原因可能当时佛教初传入，尚未在民间普及；且此两寺规模不大，属王室专用的佛堂，影响不大而未记载。可以肯定的是此时的逻些已经有佛殿等宗教建筑的存在，这为后弘期之时拉萨圣城地位的确立奠定了基础。

《贤者喜宴》中曾记载吐蕃七贤臣中第五位贤臣赤桑扬敦的业绩是："将山上居民迁往河谷；于高山顶兴建堡塞，从此改造城镇。而往昔之吐蕃家舍均在山上。因此，赤桑扬敦成为吐蕃第五位聪慧者。"虽然关于其事迹的记载与其他史书有所不同，但据史家分析当以《贤者喜宴》之说为是[1]，而迁民于平川等事主要发生在松赞干布时期，由是亦可知松赞干布之时吐蕃的城镇发展概况。吐蕃赞普世袭至松赞干布之时，在山上定居的居民被迁至河谷，建"屋皆平头"的碉房而居，而于高山顶上建堡塞。此时的城镇中既有碉房，也有拂庐，兴建于松赞干布之时的拉萨即有如是之景象。汉文史书《旧唐书·吐蕃》记载，此时的逻些是"其人或随畜牧而不厥居，然颇有城郭。其国都号为逻些城。屋皆平头，高者至数十尺。贵人居大毡帐，名为拂庐"[2]。这也说明吐蕃"颇有城郭"，有"高至数十尺"的"平头屋"，也即碉房，也有空地用以搭设拂庐。这里的"城郭"应不是四周有城墙、城门的城和城外再加筑城墙的郭的概念，而只是一个有一定居民的聚落。同时也说明在吐蕃时期已经出现了人口相对集中、生产相对发达的聚落——城。

（3）吐蕃王朝时期的佛教文化中心之城

当前学界常认为拉萨是吐蕃王朝的都城，并认为自松赞干布兴建拉萨开始，直至吐蕃王朝覆灭为止，逻些作为吐蕃的都城应该得到了较大的发展。其依据除了所谓的松赞干布迁都拉萨之说外，即多为汉文史书《旧唐书·吐蕃》中的记载："其国都号为逻些城"[3]。然而依据20世纪新发掘的研究吐蕃的第一手珍贵资料——敦煌古藏文史料中可知：一是历代吐蕃赞普继位之后，常兴建新的宫殿作为自己的城堡；二是吐蕃赞普的牙帐"春夏每随水草，秋冬始入城"[4]，并不是常年居住在所谓的都城之中；三是逻些在松赞干布之后的大事纪年中极少出现[5]，逻些若为吐蕃的都城，则赞普冬季的驻锡之地仍为逻些，理应多次出现才是，缘

1 张云．唐代吐蕃史与西北民族史研究[M]．北京：中国藏学出版社，2004:172.
2、3《旧唐书·吐蕃》。
4《册府元龟》卷九六二外臣部才智，页15.
5 敦煌古藏文文献探索集[M]．王尧，陈践，译注．上海：上海古籍出版社，2008.

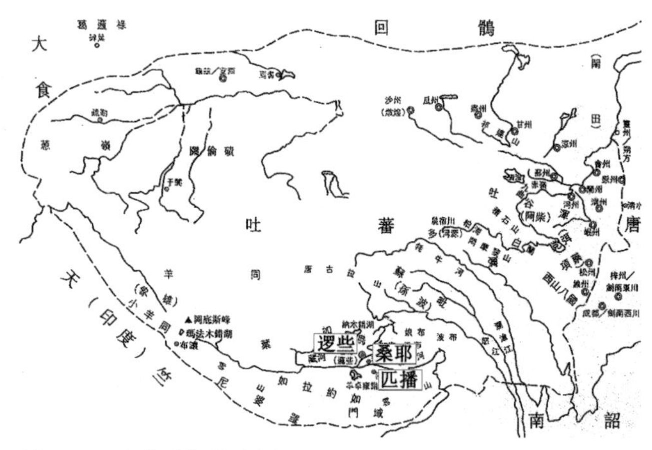


图 1-3　吐蕃时期地域图

何难以见到记录？实则是吐蕃时期在农业发展的基础上，仍然保留有游牧的生活习俗，这使其没有国都的概念。这与当时的吐谷浑之习俗颇为相似，“有城郭而不居，随逐水草，庐帐为室，肉酪为粮”[1]，“故无所谓都邑，只大河坝草原为其王常住之野而已”[2]。加之军事统治之需要，代表权力中心的赞普的牙帐又常四处迁移，匹播、桑耶等地成为赞普常驻之地。所以松赞干布之后，拉萨不再是吐蕃的权力中心，其发展也因生活习俗之故而多受牵制（图 1-3）。

现存史料关于松赞干布之后吐蕃时期拉萨城建设的记载比较少，大多与佛教的宏传相关。如藏文史籍载极力弘扬佛法的赞普赤德祖赞修建有五处佛殿[3]，虽然各史书中对神殿的名称和所在地的记载颇有不同，但是可以肯定的是在拉萨新建有一处佛殿。其在《巴协》的记载为拉萨之岩堡寺（Mkhar-brang），是作为存放经书之处；《西藏王统记》则记为拉萨之 Kha-brang 寺；《布顿佛教史》记为拉萨之石堡（Mkhar-brang）。又有《西藏王统记》记载金城公主入蕃之事，言：“金城公主至藏地后，言吾将往观余姑祖母之殿堂，遂赴伍茹（Dbu-ru）逻些，至于饶木齐（小昭寺），然觉阿像已不在此，又至神变殿（大昭寺），方知觉阿像暗藏于南明镜门。乃将门开启，迎出觉阿像，安置于（大昭寺内）净香室中殿，建

1、2 任乃强，曾文琼．吐蕃传——地名考释二 [J]. 西藏研究，1982（02）：81.

3 五处佛殿：东嘎·洛桑赤列所著的《论西藏政教合一制度》一书中指出这五处佛殿是：拉萨喀扎、札玛郑桑、札玛格如、青浦那惹等五座佛殿。实则只提出四处。《西藏通史》载：赤德祖赞在拉萨兴建了札玛珍桑、札玛噶曲、青浦、南热、玛萨贡等佛寺。见：陈庆英，高淑芬．西藏通史 [M]. 郑州：中州古籍出版社，2003：71.

立迎佛供祀之制。”[1] 这无疑是藏传佛教前弘期[2] 中的弘佛的盛事之一。

赞普墀松德赞执政之初，发生了佛教和苯教之间的斗争。在此次佛苯之争中，“拆毁了拉萨喀扎、札玛郑桑两座佛殿，小昭寺的不动金刚佛像由于 300 人也拉不动，就被埋到沙土里，又把大昭寺和小昭寺的两尊觉卧佛像运到阿里的吉隆去了，还把所有在拉萨的汉族和尚送回汉地，小昭寺和大昭寺分别改成了作坊和屠宰场”[3]。在《青史》中即记载有：“玛祥大臣握有大权，不喜佛法，将所有出家人都逐出蕃境……把诸寺庙改作屠宰场。赞普对佛法虽有信仰而无权。”[4] 其后墀松德赞下定决心崇奉佛教，通过印度僧人寂护与蕃教进行辩论。《贤者喜宴》引《巴协》之记载佛蕃辩论过程云：“辩论中，蕃教起源恶劣而且理由微小而无力。佛教起源高尚，理由深广有力，论净出色，智能敏锐，不可战胜。”[5] 而实际上，这并不只是单纯的宗教信仰问题，而是一场政治革命。即借崇佛抑蕃，排除贵族的掣肘，由王室自掌朝政。

8 世纪末的吐蕃时期，即藏传佛教前弘期的昌盛之时曾发生过一场佛教内部的激烈斗争——顿渐之诤，这是发生于从汉族传入的禅宗与从印度传入的中观宗之间的斗争。史载唐德宗年间，引起顿渐之诤的汉僧大禅师摩诃衍等人应邀入藏，到达拉萨以后，其教法大受欢迎，风靡一时。摩诃衍自己亦曰：“臣沙门摩诃衍言，当沙洲降下之日，奉赞普（墀松德赞）命远追令开示禅宗，及至逻娑（拉萨）众人共向禅法。”到寂护去世后，他的影响迅速扩大，在逻些宣讲佛法总共有 10 余年时间，并最终导致两种外来宗派之间的斗争发生。不管顿渐之诤的结果如何，至少传达出这样一个信息：当时逻些的寺庙比较多，选择在逻些学习佛法、进行修行的僧人也多，此时的逻些在一定程度上可以说是吐蕃一个传播佛教文化的中心城市。

其后赞普赤德松赞继续兴佛，《巴协增补本》载：修建逻些大昭寺的回廊，

1 萨迦·索南坚赞 . 西藏王统记 [M]. 刘立千，译注 . 北京：民族出版社，2000.

2 前弘期：从藏历饶迥纪年前释迦灭寂后 1173 年土牛年（唐太宗贞观三年，公元 629 年）松赞干布即位执政到藏历绕迥纪年前释迦灭寂后 1385 年铁鸡年（唐武宗会昌元年，公元 841 年）朗达玛毁灭佛教之间的 212 年是佛教在西藏的前弘期。以上依据：东嘎·洛桑赤列 . 论西藏政教合一制度 [M]. 陈庆英，译 . 北京：中国藏学出版社，2001：6.

3 东嘎·洛桑赤列 . 论西藏政教合一制度 [M]. 陈庆英，译 . 北京：中国藏学出版社，2001：12.

4 廓诺·讯鲁伯 . 青史 [M]. 第 2 版 . 郭和卿，译 . 拉萨：西藏人民出版社，2003.

5 参阅《贤者喜宴》摘译（九）[J]. 西藏民族学院学报，1982（04）：37.

提高僧人之权势，以佛法护政佑民，恩德广被[1]。《汉藏史集》则载：赤松德赞还在大昭寺和桑耶寺等处建立了十二处讲经院[2]。赤德松赞之子赤祖德赞・热巴坚同样热心兴佛，他与松赞干布、赤松德赞合称“祖孙三法王”。《西藏王统记》记载赤祖德赞・热巴坚之时：“又王之受供僧娘・霞坚（Nyang-shavi-spyan）及少数臣僚等在拉萨东面建噶鹿（Ka-ru）及木鹿（Rme-ru，在大昭寺东北，后为下密院旧址）寺，南面建噶瓦及噶卫沃（Dgav-bavi-vod），北面建正康（Bran-khang）及正康塔马（Bran-khang-tha-ma）等寺。”[3]可见这段时期拉萨的寺庙数量仍在持续增多之中，逐渐改变着拉萨的城市空间格局，也逐渐有了今日拉萨的城市雏形。然而热巴坚佞佛过度，激起了吐蕃贵族和百姓们的不满，并因之被弑，吐蕃的佛教也继而受到严重打击。

### 2. 分裂割据时期的拉萨历史沿革

（1）分裂割据早期的多难沉寂之城

公元 838 年，达玛乌东赞被崇苯反佛的大臣拥立为赞普。他在位时间虽然短，但其所采取的抑制佛教发展的措施使拉萨佛教遭到严重的打击，藏文史书上称此为佛教“前弘期”的结束。其时毁坏寺庙，始自拉萨，封闭了大昭寺、桑耶寺，寺庙墙壁均遭涂抹，并于其上绘制比丘饮酒作乐的图画。《贤者喜宴》记载逻些、桑耶两地，先被当做屠宰场，后来沦为狐穴狼窝[4]。《西藏王臣记》云：“毁寺之事，始自拉萨神变殿，声言欲将两尊觉阿佛像投之于河。幸仗乐佛大臣等借口佛像太重，难于举拔，遂埋藏于沙土之中。又将仿造之弥勒法轮像，投入多错石子湖内。投时湖内发出嘈嚷大声。热萨、桑耶、热木齐等诸大寺宇均以泥封其门。”[5]《西藏王统记》也记载达玛乌东赞之时：“其毁坏寺宇，始自拉萨，命将二觉阿像，投入水中。尔时诸乐佛大臣，共相计议，将佛像藏于各像宝座之下。弥勒法轮像，以布包裹，藏于卧塘湖边……仅封闭拉萨与桑耶寺之门（原注：‘除木鹿寺外’），其馀小寺，捣毁殆尽。所存经典，或投于水，或付之火，或如伏藏而埋之。”[6]由

1 转引自：黄明信．吐蕃佛教[M]．北京：中国藏学出版社，2010：130.

2 达仓宗巴・班觉桑布．汉藏史集：贤者喜乐赡部洲明鉴[M]．陈庆英，译．拉萨：西藏人民出版社，1986.

3 萨迦・索南坚赞．西藏王统记[M]．刘立千，译注．北京：民族出版社，2000：137.

4 林冠群．唐代吐蕃史论集[M]．北京：中国藏学出版社，2007：451.

5 五世达赖喇嘛．西藏王臣记[M]．刘立千，译注．北京：民族出版社，2002：51.

6 萨迦・索南坚赞．西藏王统记[M]．刘立千，译注．北京：民族出版社，2000：141.

是可知，反佛势力主要打击的是佛教较为兴盛的拉萨和桑耶两地的佛教势力，拉萨城内的小寺庙均被毁掉，如赤祖德赞·热巴坚在拉萨东面所建噶鹿（Ka-ru）及木鹿（Rme-ru）寺等。但是大昭寺等主要寺庙只是遭到封闭，因而得以保存。汉文史书中却没有提及达玛乌东赞灭佛一事，如《新唐书·吐蕃传》仅说："以弟达磨嗣，达磨嗜酒，好猎，喜内，且凶愎少恩，政益乱。"[1]可推知所谓的灭佛实际上主要是消弱佛教势力，并不是要摧毁佛教本身。然而对于拉萨城本身来说，因为禁佛措施的执行，城市发展不可避免地要受到冲击。

达玛乌东赞的后嗣威宋和云丹统治吐蕃之时，由于当时吐蕃境内闹饥荒，加之流行病的猖獗，遂将其归咎于毁灭佛教的恶行。因而在藏历"火虎年，威宋和云丹二人也在神像前立誓归顺佛门，供奉三师三宝"[2]。《智者喜宴》也记载"为此迎请两尊释迦佛像和弥勒法轮像，祭祀供奉，一些人自愿改装，穿起带领的连裙袈裟，让人剃发，顶上留髻，定夏季三个月为安夏，居于寺庙经堂，守护五戒律，至解夏之时还俗成家，出现了被人们称为扎穷卓培坚的众多应供僧……当时大部分咒师既不习法，又不修定，只模仿本教仪轨，吟诵着经典，漫游村庄，盛行驱邪和炼尸习俗。"[3]依据以上记载可知当时多为借佛法混事之人，重新信奉佛法并不能解救吐蕃势将衰落的结局。

史载威宋和云丹分别占据约茹（以今山南昌珠为中心）和卫茹（以今拉萨为中心），"卫约之间时常发生火并。其影响几乎波及全藏区，在各个地方也随着出现了大政、小政、众派、少派、金派、玉派、食肉派和食糌粑派等派系，互相进行纷争"[4]。两派内讧的战火蔓延到吐蕃各地，加剧了前后藏的分裂。旷日持久的战争也让平民处于水深火热之中，终于导致从公元 869 年起连续发生平民暴动，许多吐蕃时期修建的宫堡城寨在这一时期被毁于兵燹。在以拉萨为中心的卫茹地方发生了卓氏（Vbro）和白氏（Sbas）之间的内战，韦·罗普罗穷（Dbavs-lo-pho-chung）

1 《新唐书·吐蕃传》。
2 嘎托·仁增次旺罗布《言简意赅之赞普世系》：92. 转引自：恰白·次旦平措，诺章·吴坚，平措次任．西藏通史——松石宝串 [M]. 第 2 版．陈庆英，格桑益西，何宗英，等译．拉萨：西藏古籍出版社，2004：207.
3 巴俄·祖拉陈瓦《智者喜宴》：430. 转引自：恰白·次旦平措，诺章·吴坚，平措次任．西藏通史——松石宝串 [M]. 第 2 版．陈庆英，格桑益西，何宗英，等，译．拉萨：西藏古籍出版社，2004：208.
4 萨迦·索南坚赞．西藏王统记 [M]. 刘立千，译注．北京：民族出版社，2000：238. 转引自：恰白·次旦平措，诺章·吴坚，平措次任．西藏通史——松石宝串 [M]. 第 2 版．陈庆英，格桑益西，何宗英，等译．拉萨：西藏古籍出版社，2004：209.

乘机而起掀起了拉萨地区的平民暴动。起义者不仅杀了以拉萨为据点的威宋之子贝科赞，更摧毁了包括布达拉宫在内的一部分建筑。这是象征吐蕃王权之一的宫堡建筑——布达拉宫继公元8世纪中叶遭雷电损毁之后再次遭受的一次灾难[1]，这次灾难让布达拉宫几无所存。综上所述可知，真正让拉萨衰败下去的原因并不是灭佛之举，而是吐蕃王朝的内讧和平民起义，这导致了吐蕃王朝迅速土崩瓦解，拉萨也从弘传佛教的中心城市迅速衰落。

连年的战乱使拉萨逐渐成为被遗弃之城，不可能有大规模的重建工作。史书中也鲜有记载此时拉萨的建设活动，所能查找到的资料多记载其被毁坏的状况。战乱致使在其后很长的时间里，拉萨一直沉寂无闻，远离权力中心，远离佛教文化中心，直至格鲁派兴起和甘丹颇章政权在拉萨成立。这期间，西藏地方历经分裂割据时期、萨迦政权时期、帕竹政权时期和藏巴汗政权时期，西藏的政治中心历经多次迁移。先有各地割据政权的阿里、吉隆、拉加里等，然后是萨迦，又迁到乃东、日喀则，拉萨也随之荒凉。

（2）吐蕃王统后裔之于城市发展

西藏分裂割据中后期，吐蕃王统传出的两条支系：威宋的后裔、云丹的后裔，他们对于西藏地方城市的发展均有贡献。其中威宋的后裔先后建立起拉达克王朝、古格王朝、普兰王朝、亚泽王朝等，这些小王朝和卫藏边区的地方政权在政治上没有任何的隶属关系，但是在宗教与文化上，却与卫藏地区有着密切联系。他们在西藏兴建了众多城堡，这在藏文史料中多有记载。因为常年的战乱，各城堡的防御设施大多得到加强，例如吉隆贡塘王城的四周即建有围墙，围以沟壑。在城堡的外墙、城内大墙和扎仓大殿围墙处修建了暗道的出入口等[2]。

藏文史书中又多记载吐蕃王统威宋的后裔们为弘扬佛法所做的努力和业绩。特别是古格王朝的拉喇嘛益西沃，不仅修建了著名的托林寺，还选拔培养佛学人才，著名的大翻译家仁钦桑布译出大量的显密经典，由此从阿里开创了“上路戒律”[3]，公元1042年，其侄孙绛曲沃又邀请阿底峡至托林寺，弘扬正宗律统，指

1 墀松德赞之时，洪水爆发冲毁了桑耶地方的旁塘宫，拉萨玛波日山上的宫殿遭到雷击。转引自：东嘎·洛桑赤列．论西藏政教合一制度[M]. 陈庆英，译．北京：中国藏学出版社，2001：14.

2 恰白·次旦平措，诺章·吴坚，平措次任．西藏通史——松石宝串[M]. 第2版．陈庆英，格桑益西，何宗英，等译．拉萨：西藏古籍出版社，2004：240.

3 上路戒律：从阿里地方开始弘扬的上述戒律传承被称为上路律派。卫藏六人和阿、直等传承下来的教法被称为下路戒律。

导佛法正道。公元1045年，卫藏各地方领袖人物共同商议，迎请阿底峡前往拉萨。叶巴、彭域、聂唐等拉萨地方的数千名僧人来向阿底峡学习佛法。按阿底峡的主张弘扬的教法叫做噶当派，而噶当派的教法又是各教派之源头。公元1054年阿底峡在拉萨以西的聂唐寺去世，他在拉萨地区共度过了10年时间。这对于拉萨地区佛法的弘传起到了极大的推进作用。

藏文史书中关于吐蕃王统云丹的后裔的记载则比较少。概因云丹这一支的传承对佛教没有做出多大功绩的缘故。云丹一支的后代占据了包括拉萨在内的卫地大部分地区，虽然他们注重政务，但西藏以前的史学家们更看重吐蕃赞普后裔们对佛教的业绩，因而忽略了云丹后代的政绩。这也间接影响了对这一时期云丹的后裔们治理拉萨的情况的了解。幸而在公元918年佛教"后弘期"开始之后，因借佛法的弘传及佛教势力的增长，有关拉萨佛教发展的状况多收入藏文史书的记载之中，从中或可窥见拉萨的概况。

（3）政教合一制度的萌芽与拉萨的建设

分裂割据中后期的西藏，逐步形成了政教合一的雏形。佛教后弘以来，兴起了许多不同的大小教派，为推广自己的教法，各派如竞技般讲说经法，招收僧徒，修建寺院、尼姑庵、静修地、佛殿等，使其成为各教派的据点，这使得纷繁的宗教活动遍及全藏。另一方面，当时除西部阿里地区是吐蕃赞普的后裔们分割统治之外，整个卫藏、多康地区没有统一的法度和政权，各地方往昔赞普后裔和贵族的后代成为或大或小的首领，凭借自己的力量或群众的拥戴，掌管着一些部落或村庄，但各主要的世俗政治势力正处于衰微之中。在这种情形之下，各割据势力为谋求自身的生存和发展，积极寻求佛教的支持，与新发展起来的各派宗教势力相互联系。各教派的一些高僧也因其各自的学识功德和声望，受到地方首领和群众的信奉，地方首领和群众献给他们土地修建寺院，供奉寺属庄园，或为寺院供奉布施的部落等。一些大的寺院还自行建立了监狱，不脱离生产的地方军队，以适应管理地方政务的需要，于是逐渐形成了具有一定经济和军事力量的教派。还出现了一些将宗教首领和地方官员的职能结合起来的类似于行政机构的组织[1]。这在一定程度上促进了佛教文化在西藏的传播与发展，同时也奠定了西藏政教合一

1 参见：恰白·次旦平措，诺章·吴坚，平措次任．西藏通史——松石宝串[M].第2版．陈庆英，格桑益西，何宗英，等，译．拉萨：西藏古籍出版社，2004：344-345.

的基础。

然而佛教后弘的早期，对于拉萨古城来说，却是喜忧参半、矛盾发展的过程。一方面，曾经作为佛教文化中心的拉萨仍然具有一定的号召力，吸引了一些佛教徒的到来，对于修复拉萨古城的佛教建筑、发展佛教文化起到了积极的作用；另一方面，后弘期形成的不同教派之间时有冲突和战乱，对于城市的发展则多有不利。

鲁梅等十人前往朵康，在公元978年由喇钦贡巴饶色受戒后回到卫藏弘扬佛法。《西藏王统记》中记载："鲁梅等人在藏卫各处建立寺宇，不可计量，且成立僧伽，使如来正教如枯木死柴，又得重燃，并使其广大显扬，遍及十方。"[1]其中鲁梅主持维修了拉萨西南的噶穷拉康寺，并住在该寺中；鲁梅的门徒尚那朗·多吉旺秋于1012年在拉萨以北建立杰拉康寺，欧强秋以纳在拉萨以东倡建扎叶巴寺。l054年，阿底峡的门徒仲敦巴在拉萨河上游热振地方，建热振寺，该寺是噶当派发展的根本寺院。1073年，俄·雷白西饶在拉萨以南建桑浦寺，该寺为因明学辩论中心。1154年，达布宁布在拉萨以西堆龙建拉龙寺[2]。公元1175年，向·尊珠扎巴在拉萨东郊建蔡寺，后形成蔡巴噶举派基地。1179年，帕莫竹巴的第子觉巴普丹贡布在拉萨以东创建止贡赞寺。1187年，向·尊珠扎巴又在拉萨东郊建贡塘寺。1189年，达布拉杰的弟子噶玛巴堆松钦巴在拉萨以西堆龙创建楚普寺，形成噶玛噶举教派。1189年底，藏巴用热·益西多吉在拉萨河畔南木地方建南竹寺，首创藏传佛教徒杂日大小巡礼之例。1205年，嘉钦如瓦在拉萨近郊聂塘地方倡建热堆极乐寺院，这是当时讲习因明学的集中场所，史称其为卫藏六大佛寺之一[3]。大约在两个半世纪里，拉萨及其周边地方建起了众多的寺庙，其中有名的寺庙多达12座。以这些寺庙为基地发展形成了一些教派，尽管这些教派之间多有不同，但他们在宗教文化方面是密切联系着的，而这种联系又都围绕着拉萨，促使着拉萨重新开始向佛教圣城的方向发展。

然而，当时西藏地方的各教派都各自占有土地、草场、水源及属民，各教派在教义、仪轨、传承等方面的取向多有不同，而且他们各自依靠的政治势力也是互不统属的、分裂的。因取向不同和财产利益上的错综复杂的矛盾，最终造成

1 萨迦·索南坚赞．西藏王统记[M]．刘立千，译注．北京：民族出版社，2000：147.

2、3 傅崇兰．拉萨史[M]．北京：中国社科院出版社，1994：105-106.

了包括拉萨地区在内的许多地方之间的战乱。在历次混战之中，弱肉强食，衰弱势力或被人兼并，或依附于其他势力。如鲁梅的门徒，经过180多年的发展，到1160年时，已形成一个大集团势力，与巴、惹、征集团之间，为争夺寺庙庄园的所有权而出现了尖锐的矛盾，甚至发生了长期的内讧，在拉萨、雅隆澎波一带互相攻伐，造成了连年不断的战争，这使得拉萨包括大昭寺、小昭寺在内的一些建筑遭到了严重的破坏[1]。后在达贡·楚臣宁布（Dags-sgom-tshul-khrims-snying-po）的调停下平息了内讧，而且达贡·楚臣宁布和热·多吉扎（Ra-rdo-rje-grags）译师修复了拉萨的大昭寺和小昭寺，达贡·楚臣宁布还把侍奉、管理大昭寺的责任交与当时拉萨地区经济、军事实力强大的宗教人士贡塘喇嘛向（Gung-thang-bla-ma-zhang）照管。此后不久蔡巴噶举于拉萨一带崛起，逐步取代了其他地方势力在拉萨的地位。蔡巴后来在一段不短的时间内成为管理大昭寺和拉萨地区的人，为拉萨的城市建设和发展做出了贡献。

**3. 统一政权时期的拉萨历史沿革**

本书中所提“统一政权时期”是指西藏地方的萨迦政权时期、帕竹政权时期，以及第悉藏巴政权时期，时间跨度从公元1260年至公元1642年。需要指出的是有部分学者对于萨迦政权时期是否属于统一的政权存有疑问，其论据是在萨迦时期，西藏各地存在不同的地方势力，并且认为他们并不听从萨迦的统一管理。本书中将其列入统一政权时期，是基于萨迦时期，西藏正式划归中原版图，统一在元朝的统治管理之下。各地存在的地方势力实则是元朝在西藏封授的十三万户等实力集团。从元朝统一管理西藏的角度出发，萨迦时期即属于统一的政权时期，与之前西藏四分五裂的割据时期不同。割据时期的西藏各割据势力各自为政，并不在任何政权的统一管理之下。其后的帕竹政权时期横跨了元、明两朝，从其自称第悉，接受元、明中央政府的封赏以及例行朝贡等事件可知，其统一在中原朝廷之下。再后的第悉藏巴政权时期则仅存在24年。综上所述，萨迦政权时期、帕竹政权时期以及第悉藏巴政权时期都曾凭借其强大的实力成为实际管辖西藏的地方势力，故本书均将这三段时期按统一政权时期看待，并以此为基础探讨拉萨的发展状况。

1 参见：西藏自治区文物管理委员会．拉萨文物志[G]（内部资料），1985：2.

（1）萨迦政权时期蓄积待兴的拉萨

《拉萨史》中记载：“1239年，阔端派大将多达那波率蒙古军三万多人，从凉州出发，一直打到拉萨，毁坏布达拉宫[1]，焚烧热振寺和杰拉康寺，杀死宗教首领苏吞和五百多僧民，抢掠了市镇村民，驻防在拉萨以北热振寺一带，并搜集西藏各地方势力和各教派情况。”[2]在帕竹大司徒绛曲坚赞的著作《朗氏家族史》中也记述说：“由蒙古多达那波担任将军，蒙古军在藏地热振寺杀死僧人五百名，全藏为之震惊。其后，多达那波在热索设置驿站……他（多达那波）拆毁了下至东方工布地区，东西洛扎、洛若、加波、门地门贝卓、珞门和尼泊尔边界以内的各个堡寨，以蒙古的律令进行统治，使地方安宁，这时王法和教法如同黎明时旭日东升，照耀操藏语的地域。”[3]这次军事行动虽然对西藏部分地方造成了一定的破坏，但是武力进攻和招抚相结合的办法最终使西藏归于元朝的统治之下。

经过长达近四百年的分裂混战，西藏地方各宗教集团意识到要发展和巩固自己的势力，必须依靠政治、经济、军事各方面都力量雄厚的政治势力，所以当12世纪末蒙古的军事力量兴起，并用武力征服了许多地区以后，西藏各大地方势力集团都分别向各个蒙古王子表示归顺。蒙古汗王及王子也分别封给他们在西藏的势力范围大致相等的地方和属民，其中忽必烈封给蔡巴噶举的领地属民为3 700户，包括拉萨在内的部分区域就成为蔡巴噶举派的势力范围。蔡巴噶举的创始人向·尊珠扎巴，以及他的门徒和历代蔡巴万户长还曾长期有条不紊地管理着大昭寺，并多次对大昭寺进行修葺，组织力量疏通水道，加固河堤，对拉萨城市的发展做出一定贡献。

公元1265年，元世祖忽必烈封给八思巴除了阿里和安多以外的西藏十三万户。藏文《汉藏史集》中即记载有：“薛禅汗封八思巴为帝师，作为接受灌顶的供养，向八思巴奉献了乌思藏十三万户及难以计数的物品。”[4]（图1-4）可见，元朝廷重点扶植的是以款氏家族为核心的萨迦派及萨迦地方势力，从而建立起实际代表整

1 此处所言“毁坏布达拉宫”，实则只是佛教后弘期时修建在玛波日（红山）上的寺庙，并不是吐蕃时期所修的宫殿，也更不是后来所修筑的今日仍然存在的布达拉宫。

2 傅崇兰．拉萨史[M].北京：中国社科院出版社，1994：105-106.

3 绛曲坚赞．朗氏家族史[M]．转引自：恰白·次旦平措，诺章·吴坚，平措次任．西藏通史——松石宝串[M].第2版．陈庆英，格桑益西，何宗英，等译．拉萨：西藏古籍出版社，2004：2355.

4 达仓宗巴·班觉桑布．汉藏史集：贤者喜乐赡部洲明鉴[M]．陈庆英译．拉萨：西藏人民出版社，1986：327.

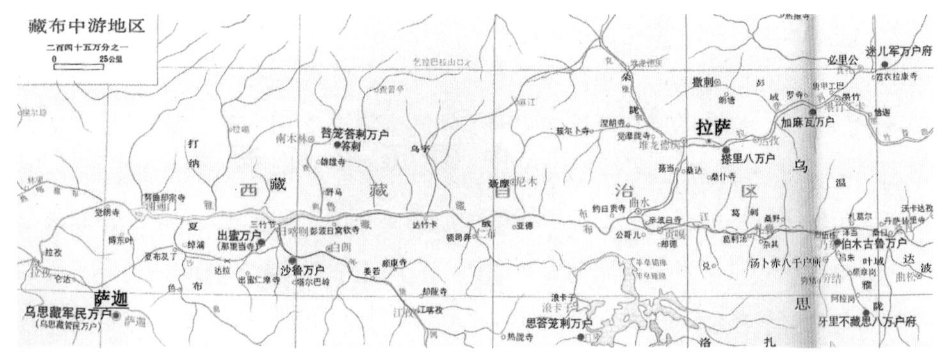


图 1-4　萨迦政权时期的藏布中游地区：拉萨及“万户”示意图

个乌思藏地区的政教合一的萨迦地方政权，成为元朝统治者在西藏地方的代理人。

元朝中央对西藏地方实施了有效的治理和管辖。元朝廷设置宣政院机构并以帝师兼领院事；设置三个宣慰使司都元帅府掌管藏区行政事务，其中的乌思藏纳里速古鲁孙等三路宣慰使司都元帅府管辖乌思（Dbus，又译作“卫”，即前藏地区）、藏（Gtsang，即后藏地区）和阿里（Mdo Khams）这三个地区，封授有影响地方实力集团为万户等。元朝对西藏地方的直接治理和以萨迦派为首的藏传佛教上层在元朝扶植下的“政教合一”形式的统治，对其后 700 年的西藏乃至整个藏族地区的历史发展产生了深远的影响，元朝中央对西藏的管理形式也成为明清两代中央王朝统治西藏的滥觞[1]。

（2）驿站的设置与拉萨的发展

元世祖忽必烈派遣官员携带诏书入藏进行人口调查，并在此基础上，依照人口多寡、地方物产、道路险易等情况，参仿汉地驿传制度，在藏族地区设置驿站。据史料记载可知共设置计 27 所大驿站，其中在安多藏区设 7 所驿站，康区设 9 所驿站，前后藏设 11 所驿站，连成了自今青海到西藏萨迦县穿过藏族分布地区的交通干线。再与内地通向大都干线衔接，以便中央政令能迅速抵达藏族地区各地，既能了解地方动态，也便于军政人员使臣僧侣等往来。驿站由元朝中央统一派专门人员管理，而驿站所需运畜、力役等则从乌思藏地方有关万户中征调[2]。这 27 所驿站中属于卫（拉萨）地区的有 4 所，可见元代拉萨地区的交通地位和作用

1 陈楠．元代西藏地方政教关系变革新论（137—158）// 藏史新考 [M]. 北京：中央民族大学出版社，2009：137.

2 达仓宗巴·班觉桑布．汉藏史集：贤者喜乐赡部洲明鉴 [M]. 陈庆英，译．拉萨：西藏人民出版社，1986：185-188.

已经初步确定。

一方面，拉萨所在的卫地区设置有 4 大驿站，自然会因此而加强拉萨与内地的政治、经济、文化的交往，这必然利于促进拉萨的发展。如八思巴第一次从大都返回萨迦时，就路经拉萨。又如蔡巴万户长噶德贡布曾先后 7 次赴大都谒见元帝，回藏时带回汉族的能工巧匠，在拉萨整修扩建贡塘寺、蔡寺、大昭寺、小昭寺等寺院，修建了一批房舍，雕塑佛像。此外，还创建刻书坊，将内地的印刷术传到乌思藏。内地与藏区在人才技术方面的交流，显然得助于驿路的通畅。另一方面，驿站的设立和驿路的畅通对包括卫（拉萨）地区在内的藏区的经济发展和贸易有利。诸如元朝廷设置的“西番茶提举司”，经营茶叶贸易，卫（拉萨）地区的四大驿站自然也可从茶叶贸易中得到好处，进而刺激拉萨地区的商贸发展[1]。拉萨八廓街的建设与发展与此也不无关系。可以说萨迦时期，包括拉萨在内的西藏各地的城镇，与包括元大都在内的中原诸多城镇之间的经济、文化交流，在很大程度上都依靠驿站发挥的作用。处在驿路上的拉萨也发挥着重要作用，凭借其独具的地理位置的优势，在藏区的城市体系中居于重要地位。

（3）蔡巴万户支持下的拉萨建设

在西藏封授“十三万户”也是元朝经略西藏的重要举措。关于十三万户的具体名称主要见于《元史·百官志》及成书于明宣德九年（1434）的藏文史书《汉藏史集》。“十三万户”后来成为流行于乌思藏地区的一个泛称，即指中央认可并给委任状的地方势力集团。一般说来，每一万户都是以某一家族势力为核心的地方势力集团，诸如萨迦地方的款氏家族、夏鲁地方的杰则家族、蔡公塘地方蔡巴噶举的噶尔氏家族、帕木竹巴的朗氏家族、止贡巴的交饶氏家族等。而且各家族又往往有某一宗教派系支持的背景，政教两方面因素相辅相成，紧密结合，形成盘踞一方的割据势力。及至元朝末年，西藏及其周边藏区还仍然保持着各个地方政教势力集团互不统属、分散为政的状态。

元代拉萨属于蔡巴万户的管辖范围，蔡巴万户由噶尔氏家世代担任万户长，并与以蔡贡塘寺为据点的蔡巴噶举派的宗教势力结合成为雄踞一方的地方势力。公元 1268 年，蔡巴桑结俄智任蔡巴万户长官职，统辖拉萨市区。“其子仁嘉任长官后，前往朝廷，薛禅（忽必烈）皇帝赐给诏书，使统领吉曲（拉萨河）上下游

1 《元史》卷 9《世祖记》，卷 24《仁宗纪》。

的堆龙、扎垛、穷被、嘉扪，以及唉、达、列三地的修缮寺庙的居民。他前往贡塘，建东寝殿及大殿廊。”[1]蔡巴万户作为当时卫藏一带势力最强的三个万户[2]之一，在拉萨发展演进的历史中曾起过重大作用，也有过不少建树。这不仅巩固了蔡巴万户的地位，也促进了拉萨在政治、经济、文化的繁荣和发展。例如前文所述蔡巴万户长噶德贡布，曾请汉族的能工巧匠来拉萨，整修扩建贡塘寺、蔡寺、大昭寺、小昭寺等寺院，并新建了一批寺院僧舍。其次子默朗多杰继任万户长的14年中，修建了拉萨的巴阁（八廓衔），建造了拉萨查拉鲁布神殿汉式屋顶，在释迦和观音菩萨二佛像头顶上建造了金顶，添加了佛像装饰和大塔宝顶《甘珠尔》佛经，还整修了光明神变殿堂等[3]。默朗多杰还动员和组织力量疏通拉萨市区水道，加固拉萨河堤，修建民房，使拉萨城呈现一派繁荣发展景象。其后，默朗多杰的长子贡嘎多杰于任蔡巴万户长的28年期间，对蔡贡塘寺、大昭寺、布达拉宫等处皆妥善加以保护，进行了修缮，建造佛像、佛经、佛塔，并创建了日沃格培寺，在政教方面建立了重大业绩，受到各教派广大僧众的尊敬[4]。

此外，后弘期佛教文化的弘传也提升了拉萨的佛教文化之城的地位，给予拉萨发展的契机。远来朝拜礼佛的信徒日益增多，布施的信徒也不在少数。曾经作为佛教文化中心之城的拉萨，在佛教“后弘期”之时仍然是佛教信徒们心中的圣地。

（4）帕竹政权时期的佛教文化中心之城

元末的政教格局变化形势最主要的就是萨迦地方政权的衰落和前藏帕竹势力的兴起。藏历第六绕迥之土牛年（1349），萨迦派的四个拉章之间的内部矛盾扩大，萨迦款式家族的兄弟之间互相杀戮、监禁。而其他教派和地方实力集团越来越不甘心于萨迦派的束缚，一时间，乌思藏地方纷争不已，十三万户各自为政，向外扩张自己的势力，或争夺权力，或挟私复仇。此时担任帕竹万户长的绛曲坚赞先后征服了止贡巴、雅桑巴和蔡巴，并利用萨迦王室内讧的机会，起兵包围了萨迦寺，

1 五世达赖喇嘛．西藏王臣记[M]．刘立千，译注．北京：民族出版社，2002.

2 三个万户：《续藏史鉴》记载：“余之万户尚多，然综览政教二权，实不能与帕竹、止贡、蔡巴抗衡，此三派乃万户之中，最有权势者。”由是可知，元代建立的乌思藏十三万户中，蔡巴、止贡、帕竹是最大的三个万户。

3 神变殿堂：藏名热萨楚朗。“热萨”为拉萨的古名，意为山羊地，拉萨意为神地。楚朗意为神变殿堂，即大昭寺。

4 参见：恰白·次旦平措，诺章·吴吴坚，平措次任．西藏通史——松石宝串[M]．第2版．陈庆英，格桑益西，何宗英，等译．拉萨：西藏古籍出版社，2004：591.

萨迦本钦兵败遭擒，萨迦教派的政权遂落入帕竹教派手中。

公元 1353 年，元朝册封绛曲坚赞为大司徒，并给以世代执掌西藏地方政权的诏册和印信，从而掌握了全藏统治大权，建立起强大的帕竹地方政权，首府设在乃东。藏历第六绕迥之水鼠年（1372），明朝在西藏地方设立称为“乌思藏指挥司”的管理机构，给予帕竹上层执政者以封授。中央政府对帕竹地方政权首脑为僧人身份兼任第悉的认可，使帕竹噶举的宗教上层统治的政教合一制度得到了加强。

帕竹地方政权建立后，绛曲坚赞着手深入改革。首先，改革了行政制度，兴建了十三宗[1]以取代元时的十三万户。其次，推广谿卡庄园制度，使之成为在西藏居于统治地位的经济制度。再次，拥护朝廷，并请求朝廷册封。朝廷也授予帕竹上层执政者以官职和权力。帕竹政权属下的一些重要贵族，也都受到明朝的封赐。以上三点反映了西藏封建农奴制正处在上升的发展阶段，帕竹第悉绛曲坚赞所实行的行政制度改革、经济制度改革，以及自愿接受朝廷管理，对其后拉萨的发展具有深远影响（图 1–5）。

（5）内邬宗管理下的拉萨建设

帕竹第悉绛曲坚赞先后兴建了日喀则宗、内邬宗、贡嘎宗、扎格宗、穷结达孜宗、列伦孜宗、绒仁蚌宗、吉则止古宗、沃卡达孜宗等 13 个大的宗，并且规定各宗的长官宗本三年一任的制度，制定了称为十五律的法律。关于 13 处宗的名称译音虽多有不同，但是可以确定的是帕竹政权的统治中心设在乃东，而拉萨

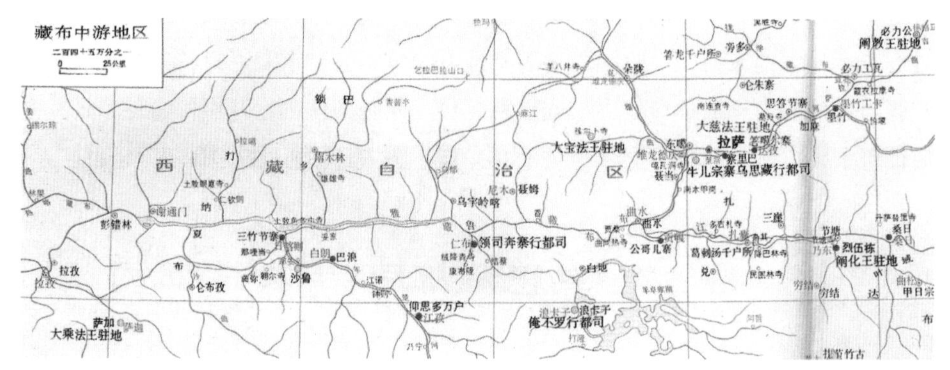

图 1–5　帕竹政权时期的藏布中游地区：拉萨及“宗”示意图

1 宗：藏语原意为城堡、要塞之意。帕竹政权时期，其含义延伸为行政机构的名称。

当时属内邬宗管辖。拉萨虽然不是帕竹政权的政治中心，但却以其宗教发展史上的圣城地位和强大引力，得到乃东帕竹政权的高度重视。

帕竹时期还涌现出了一些新贵族。他们多是在建立帕竹政权过程中作战有功的将领和家臣，绛曲坚赞将他们提升为贵族，赏以封邑和属民，使之成为帕竹政权的重要支柱。他们除了管理家族所属的谿卡之外，还常出任官职，担任宗本等职务，后逐渐成为帕竹政权管辖下的各地的世袭贵族首领。其中的内邬巴家族（第巴吉雪家族）一直掌管内邬宗，成为拉萨河中下游一带的世袭领主。内邬宗宗本及其内邬巴家族为拉萨的发展做出了不少贡献。他们在拉萨地区建桥，建渡口，维修和加固河堤，对拉萨城市的安全和发展起了积极作用。此外，又以对大昭寺的修葺与扩建，以及支持格鲁派寺庙的兴建为最多。

拉萨内邬宗常以大量的金钱和物资供养寺庙和支持大法会活动，却不太注重城市建设。城市的基础设施，以及与城市发展关系密切的道路、桥梁建设等，反而成为宗教领袖所倡导的善事，或者由僧人依靠民间募捐来建设。宗教界领袖以做善事形式从事拉萨城市建设者，最著名的当属第三世达赖喇嘛索南嘉措。公元1562年，夏季的拉萨河泛滥成灾，水淹了拉萨市区，索南嘉措组织他的信从僧众等，积极救灾和修复溃堤。不仅如此，他还倡导在拉萨大祈祷会的最后一天，喇嘛们都要培修拉萨河堤。从此形成传统习惯，延续至今[1]。而在民间募捐的僧人当属著名的藏戏鼻祖唐东杰布。由于他曾在拉萨和拉萨地区的墨竹、止贡、曲水等地以演唱歌舞剧等形式筹集资金，在雅鲁藏布江和拉萨河上建桥、建渡口、造船，为拉萨城市的发展创造了条件，为人民的生活提供了交通便利。人们为了纪念他，在拉萨大昭寺北街建造了“四门塔”，藏语称之为噶尼果希。此外，他在拉萨药王山上创建了药王庙，对藏医学的发展起到了一定的推动作用[2]。

（6）格鲁派的兴起与拉萨的发展

自11世纪中叶开始逐渐形成的藏传佛教的众多教派，因所依附的地方割据势力的不同而常有冲突。发展至帕竹时期，各教派之间取得了短暂平衡，多能和平相处。各教派平等相待、自由发展的宗教政策为格鲁派的兴起营造了良好的环境。

格鲁派的创立时间在公元15世纪初叶，属于藏传佛教各教派中最晚兴起的

1、2 傅崇兰．拉萨史[M]．北京：中国社科院出版社，1994：145-147.

教派。它是在创始人宗喀巴进行宗教改革的基础上建立起来的。它以拉萨为据点，势力迅速扩张，其发展改变了各教派的平衡局面，并最终成为在西藏社会中长期占统治地位的一个教派。推测格鲁派选择拉萨作为传教发展的根据地的原因：一是拉萨所具有的圣城地位，能够吸引佛教信众来听讲佛法，有利于宣传本派的佛教义理、宗教改革的观念等；再者拉萨具有一定的地方经济社会实力，拉萨经过蔡巴万户和内邬宗的发展，已然成为卫藏的富庶之地，有实力支持佛教的发展。格鲁派的发展也进一步提升了拉萨的圣城地位，使拉萨的建设走向良性发展的道路。

甘丹寺、哲蚌寺、色拉寺号称拉萨三大寺，它们的兴建是格鲁派发展的盛事。《格鲁派教法史——黄琉璃宝鉴》中曾记载宗喀巴与三大寺兴建的福祉："宗喀巴大师亲自来到廓巴日山勘察'卓甘丹南杰寺'的寺址，按律经和圣典的意义修建寺院……内邬宗宗本南喀桑波、嘉央曲杰扎西贝丹等来到明解脱寺吉祥哲蚌寺基处勘察，创建了哲蚌寺，宗喀巴大师五十九岁时寺院落成……根据'在野玫瑰生长的叫做却顶的地方出现讲修大乘一切教法寺院'的缘起，大慈法王释迦益西在宗喀巴大师六十二岁时（1419 年）创建了色拉寺，对于戒律和中观应成派见地为主的佛法总别具有很大的恩德。"[1] 其中的甘丹寺是为宗喀巴大师而兴建的第一座寺院，也是宗喀巴大师居住的寺院。由于该寺的寺名，宗喀巴大师创建的教派常被称为格鲁派，也有称为黄帽教派的，是因为宗喀巴大师与鲁梅等以前的持守戒律者的习惯相同，戴黄颜色的僧帽，故而得其名。此外，哲蚌寺中的甘丹颇章（Dgav-ldan-pho-brang），是藏历第九绕迥土虎年（1518）由帕竹第悉阿旺扎西扎巴把在哲蚌寺的一座叫做"朵康恩莫"的内邬宗巴的庄园（别墅）赠给第二世达赖喇嘛根敦嘉措。三世达赖喇嘛之时，扩建并起名为"甘丹颇章"。其后历辈达赖喇嘛在哲蚌寺时都居住在这里。公元 1624 年，新建的政权名称为甘丹颇章，因而从政治意义上来说，哲蚌寺具有了其他寺院无法企及的重要地位。[2]

《西藏新志》中对三大寺则有如下描述："甘丹寺，召（大昭寺）东九十里，形势与布达拉相同，颇华丽，即宗喀巴坐床之所"；"哲蚌寺，在拉萨西二十里，据山建以层楼，金殿三座"，规模宏大，金碧辉煌。"色拉寺，在召北十里，据

1 桑结嘉措．格鲁派教法史——黄琉璃宝鉴 [M]. 拉萨：西藏人民出版社，2009：48.

2 参见：恰白·次旦平措，诺章·吴坚，平措次任．西藏通史——松石宝串 [M]. 第 2 版．陈庆英，格桑益西，何宗英，等译．拉萨：西藏古籍出版社，2004：559，577.

山成势，碉房层楼，参差高耸，有金殿三座，园亭数处”[1]。《西藏志》和《卫藏通志》中对三大寺的描述，也与上文大同小异。虽然甘丹寺、哲蚌寺和色拉寺号称是“拉萨三大寺”，但是这三座寺院的选址却都在拉萨市周边的山坡之上，也即其寺址都不在拉萨城内。这固然是后期藏传佛教寺院选址的一大特点，也是源于格鲁派的教义教律及修法的要求。正是基于严格的戒律和修法要求，格鲁派得以日益兴盛强大起来，其所属寺庙的影响力自然不能小觑。这在一定程度上增强了拉萨地区对佛教徒们的吸引力，使拉萨成为名副其实的佛教文化圣地，为拉萨日后成为以格鲁派为核心的西藏地方的政教中心奠定了宗教基础。

（7）仁蚌巴、第悉藏巴政权时期拉萨崛起的前奏

帕竹政权后期，先有仁蚌巴政权，是噶玛巴的宗教和仁蚌巴的政治力量的结合，对当时西藏的政治形势产生了一定的影响。继仁蚌巴政权之后，是第悉藏巴政权。1618 年，支持格鲁派的拉萨地方贵族吉雪巴联合蒙古廓尔喀部的军队，与第悉藏巴在拉萨交战，拉萨方面先胜后败，第悉藏巴接管了哲蚌寺和拉萨贵族的许多庄园和属民，并乘机下令禁止寻找四世达赖喇嘛的转世。同时，还进兵到雅隆、达布等地，控制了前后藏的大部分地区，建立了第悉藏巴政权。其政权中心在后藏的日喀则。为维护其统治，在 1622 年，藏巴汗彭错南杰之子噶玛丹迥旺布执政，他下令将除了日喀则桑主孜等重要的 13 个大城堡以外其余险要地方的小城堡尽行拆毁，以免有人作为谋乱的据点[2]。但是第悉藏巴政权的存在时间仍然极为短暂。1642 年，噶玛噶举操纵控制仅 24 年时间的第悉藏巴政权即宣告结束。

第悉藏巴统治之时，《藏堆杰波转》记载了他为弘扬佛法所做的功业，其中一条是“对从远方来拉萨朝拜两尊觉卧佛像为主的寺庙佛像的善士香客等，保护人员驮畜安全，由各个宗和庄园供给生活物品，不准伤害他们，要对他们慈爱扶助。明确规定了这方面的制度”[3]。通过上述记载可知，拉萨已经奠定了作为佛教文化圣城的地位，远来朝佛的香客众多，所以才会出台与之相关的扶助政策。《五世达赖喇嘛传》中记载，1621 年，“在甘丹颇章中重新划定了以拉萨为主的地段归属，归还了藏巴汗所吞并的色拉寺和哲蚌寺的寺属庄园，恢复了格鲁派在前后

1 《西藏新志》（上）：39. 转引自：傅崇兰 . 拉萨史 [M]. 北京：中国社科院出版社，1994：144.
2 东嘎 · 洛桑赤列 . 论西藏政教合一制度 [M]. 陈庆英，译 . 北京：中国藏学出版社，2001：50.
3 恰白 · 次旦平措，诺章 · 吴坚，平措次仁 . 西藏通史——松石宝串 [M]. 第 2 版 . 陈庆英，格桑益西，何宗英，等译 . 拉萨：西藏古籍出版社，2004：648.

藏被迫改宗的寺院和失去的领地”。这也为其后拉萨发展成为政教合一的中心城市加固了宗教方面的基础。

## 第二节　甘丹颇章政权时期拉萨城的发展演变

甘丹颇章政权时期（1642—1951），是西藏社会、经济、文化等有较大发展的时期，也是西藏封建农奴制的社会经济形态最强盛的时期。拉萨作为这一时期西藏地方政权的首府，有了较大的发展，得到着力兴建，焕发出了新的生机。表现在拉萨城市空间中，首先是建筑类型的不断增加，不仅维修扩建了部分原有的寺庙建筑，也兴建了包括布达拉宫在内的许多新型建筑，如宫殿、衙署、军营等。尤其是园林在这一时期得到着力兴建，开拓了藏式传统园林发展的新篇章，保存至今的罗布林卡是藏式传统园林艺术的典型代表。此外，居住类建筑的数量有所增加，居住类型得以丰富。其次，城市的职能发生变迁，由纯粹的宗教中心发展成为政教合一的政教权力中心。再次，城市的基本空间布局历经变迁。拉萨在其原有空间布局的基础上，城市的基本格局进一步扩张发展，城市的空间形态日臻成熟，城市的规模得以不断扩展，最终成为最具藏地特色的、具有典型性特征的城市。

依据甘丹颇章政权时期西藏地方的政教局势、社会经济的发展变迁，以及拉萨的城市建设状况等，将这一时期拉萨城市的发展演变过程大致划分为三个阶段：即早期拉萨城的兴建、中期拉萨城的扩张和晚期拉萨城的转型。其总的时间跨度从 1642 年甘丹颇章政权建立之时起，直至 1951 年西藏和平解放时为止，分别大致相当于清代初期、清代中期，以及 1840 年鸦片战争以后的晚清和民国时期。

### 1. 早期拉萨城的兴建

（1）历史背景

在第悉藏巴统治前后藏之际，噶玛噶举派与格鲁派之间的矛盾日益尖锐。公元 1634 年，第悉藏巴又与崇信苯教，敌视佛教尤其是格鲁派的蒙古喀尔喀部的却图汗及白利土司建立联系。他们制造舆论，准备派兵入藏支援第悉藏巴。这使得格鲁派的存在与发展处于紧要危机的关头。在此形势下，五世达赖喇嘛的司库索南群培与吉雪地方的头人措杰多吉便向蒙古和硕特部的固始汗求助。公元 1639 年，固始汗率兵进入西藏，支援格鲁派。格鲁派也在固始汗的军事力量的帮助下，彻底消灭了第悉藏巴的力量，取得了在藏传佛教各教派中绝对的优势地位。公元1642年（藏历第十一绕迴水马年），蒙古和硕特部、格鲁派联合统治西藏的甘丹颇章政权建立，从明朝中叶开始的西藏各贵族势力和教派势力互相争夺、混战不已的局面遂告结束。

甘丹颇章政权建立之初，西藏地方局势并不稳定，部分反对势力公然叛乱。其后，在清朝政府的支持下，甘丹颇章政权逐渐向着巩固的方向发展。这段时期西藏地方政教事务的掌管情况比较特殊。五世达赖喇嘛主要负责管理宗教事务，军政事务则由固始汗和第悉共同管理。他们为西藏地方政教事业的发展做出了一定的贡献，而且也做出了有利于拉萨城市发展的业绩。

然而当拉藏汗继承汗位之后，与第悉之间生出罅隙，最终导致拉藏汗于1705年引兵长驱直入，进抵拉萨，并杀死了第悉桑结嘉措。从此以后，蒙古人拉藏汗统治前后藏达十二年。拉藏汗掌权之时，废掉了六世达赖喇嘛仓央嘉措，并擅自立了活佛阿旺益西嘉措为达赖喇嘛，并奏请清政府允准，但西藏地方的僧俗群众皆不认可。为了稳定西藏当时的混乱局面，康熙帝于公元1713年（藏历第十二绕迴水蛇年）册封五世班禅洛桑益西为“班禅额尔德尼”，赐金册、金印，命他协助拉藏汗管理好西藏地方事务，从此，历代班禅的“额尔德尼”名号便确定下来。西藏的政教事业在这一阶段也有了一定的发展。

（2）城市的主要建设活动

甘丹颇章政权建立之初，选定格鲁派兴盛的拉萨作为新政权的首府所在地，使拉萨一跃成为西藏的政教权力中心。拉萨因之得到大力兴建，城市的规模得以不断扩大，城市的空间格局也随之发生演变。为巩固政教大权所进行的建设项目数量众多，在拉萨主要以布达拉宫的兴建和大昭寺的修扩建为主，另有一些寺庙、府邸和民居的兴建等。

（3）布达拉宫的兴建

布达拉宫是甘丹颇章政权的标志性建筑，于公元1645年兴建于拉萨玛布日山（红山、布达拉山）上。其兴建的源起在五世达赖喇嘛的自传中多有记载。1643年，林麦夏仲任波且在色拉寺居住之时，曾仔细观察过红山，言于五世达赖喇嘛曰：“这里多么像旧时的预言所示的情形，不管是否正确，一旦出现一座红色和白色相间的规模巨大的碉堡，就会把色拉寺和哲蚌寺连接起来，从目前和长远看都是很稳固的。这是大悲观音菩萨的住地，如果建立一座嘛呢修行庙，对于涤除福田施主身上的罪孽大有好处。"[1]当时西藏地方的政局还不稳定，五世达赖喇嘛并没有采纳这一建议。直至1645年，"以上师林麦夏仲为首的许多高低贵贱各阶层的人士向我提出，如果当今没有个按地方首领的规则修建的城堡作为政权中心，从长远来看有失体面，从眼前来看也不甚吉利。再者贡噶庄园距离色拉和哲蚌寺等寺院又很远，因此需要在布达拉山进行修建。"[2]于是决定修建布达拉宫，并与当年的藏历四月初一日上午举行了净地典礼，而且从大昭寺迎请了洛格夏拉像。通过五世达赖喇嘛的记载可知，兴建布达拉宫的主要原因还是从政、教两个方面考虑的。既要弘传教法，又要巩固和扩大新生政权的影响力，从而提高五世达赖喇嘛的政治地位。

布达拉宫白宫具体的建设活动由首任第悉索南群培主持进行，向全藏宣布了修建布达拉宫的差役令。其中修建这座宫殿所需的特殊原材料，则取自西藏各地，有"从岗布隆、夺底、堆巴、拉隆、底热等地采石，从帕崩岗取红土，从查叶巴取三合土，从迟布取片石，从宗堡（即布达拉宫）东面的农田内取土，从岗雍采优质花岗石，夺底出产的金、银、铁等矿石和寒水石取之不尽。从工布及交热采长柱及房梁等重要木料，其余用材从拉萨附近取用"[3]的记载。白宫的兴建时间持续了八年之久，直至1653年才竣工。五世达赖随即从哲蚌寺移居布达拉宫。布达拉宫成为甘丹颇章政权的核心所在。

1682年，五世达赖喇嘛圆寂后，第悉桑结嘉措开始主持布达拉宫的后续整修和扩建工作，尤其是红宫的建设，同时还建造了金塔以存放五世达赖喇嘛的尸骸。公元1690年2月22日，红宫奠基，公元1694年举行了隆重的红宫落成典礼，并在宫前立无字石碑，以示纪念。以后又经过半个世纪的不断修缮和建造，

1 五世达赖喇嘛阿旺洛桑嘉措．五世达赖喇嘛传[M]．陈庆英，马连龙，马林，译．北京：中国藏学出版社，2006：150.

2 五世达赖喇嘛阿旺洛桑嘉措．五世达赖喇嘛传[M]．陈庆英，马连龙，马林，译．北京：中国藏学出版社，2006：160.

3《布达拉宫志汇编》：21。转引自：恰白·次旦平措，诺章·吴坚，平措次任著．西藏通史——松石宝串[M]．第2版．陈庆英，格桑益西，何宗英，等译．拉萨：西藏古籍出版社，2004：696

图 1-6　布达拉宫壁画：布达拉宫落成典礼

最终落成后的布达拉宫有 13 层，高约 117 米，面积 13 万平方米。时至今日，所见布达拉宫仍然基本是当年的规模（图 1-6）。

此外，在玛布日山的山脚下，也同时兴建了部分服务用房。如位于布达拉宫雪村围墙内的东北角，紧靠东城墙处的拉萨东印经院[1]就修建于此时。东印经院由印经堂、藏经库、孜仲卧室、马厩等建筑组成，规模较小，主楼坐北朝南，为二层藏式楼房（图 1-7）。

图 1-7　布达拉宫雪村：东印经院

布达拉宫的兴建，无论是从稳固政权的角度而言，还是从城市的总体建设和发展而言，都起到了不可估量的作用。它作为政教权力的象征，作为藏传佛教文化建筑的代表，在雪域高原上屹立至今，其意义已远远超出最初兴建的原因。

（4）大昭寺的扩建

吐蕃松赞干布时期兴建的大昭寺，仅有佛殿，规模较小，历经磨难，终得以保存，还得到历代不断的整修和扩建，发展至甘丹颇章政权建立之前，已成为西藏地方历史最悠久、影响力最大的佛教寺庙。清代甘丹颇章政权时期，对大昭寺的整修扩建的力度之大超过以往历代。

1 拉萨东印经院：又名“噶甘平措林”，意为“幸福乐园”。

《五世达赖喇嘛传》中记载了不少关于大昭寺修建的内容，如前文所述首任第悉修建大昭寺金顶的功业[1]。公元1660年，大昭寺主殿底层分别被改建为兜率堂、观音堂、无量寿佛堂和法王殿，并塑造了各种佛像摆在佛堂内。公元1663年，第悉赤勒嘉措将主殿的转经廊修葺一新。公元1664年，五世达赖喇嘛主持于转经廊内侧绘制壁画[2]，同时在神殿正门内两侧塑造了四大天王。公元1670年，改建大昭寺三楼北侧的金顶。其后第三任第悉洛桑土多为布达拉朗杰扎仓的僧众在楼上单独新修了一个大殿。五世达赖去世后，由第悉桑结嘉措主持将转经廊外侧东、南、北三面的房子全部修成了佛堂[3]。总之，在这段时期里，大昭寺的建筑面积及建筑面貌等发生了建寺以来最大的变化，已经具有现在的规模了[4]（图1–8）。

此外，也在拉萨新建了部分佛殿。公元1653年，新建了德阳扎康；1654年，油漆一新，并绘制了壁画[5]。公元1654年，五世达赖喇嘛为固始汗办理丧事，专

1 转引自：宿白．藏传佛教寺院考古[M]. 北京：文物出版社，1996：17.

“此后按照达赖的旨意，由（第一任）第悉（第巴）索朗热登（1642—1659在位）亲自主持，从各地招来大量工匠和乌拉，在大昭寺三楼进行大规模的修整扩建。楼顶东面的旧金顶被更换一新；西面的琉璃瓦顶及殿堂四周的瓦屋檐全部换成了金铜的；在南面新修了一个金顶，至此四方都对称地修了金顶。在三（四）楼还修了四个角楼神殿，都插有一面金铜的新法幢。四周的捶柳墙被金铜精美地镶嵌着。神殿的外表起了明显的变化，到处都可见到金光闪闪的壮丽景象。这项工程是在藏历第十一绕迥丁亥年（清顺治四年，1647）完成的。”

2 五世达赖喇嘛阿旺洛桑嘉措．五世达赖喇嘛传[M].陈庆英，马连龙，马林，译．北京：中国藏学出版社，2006：40.第二任第悉赤勒嘉措在1663年修缮拉萨八廓街的转径路，“巴廓的北面绘制了《华严经》中的清净世界，东面为《大般若经》中的缘起图，弥勒十功业、见者有益图和极乐世界，南面绘有神变图。我为这些壁画题写了总括其义的乌尔都文诗词。”

3 转引自：宿白．藏传佛教寺院考古[M]. 北京：文物出版社，1996：17。“（《五世达赖喇嘛传》又记）戊子年（顺治五年，1648）在大庭院的墙壁上画上了千佛像。藏历庚子年（顺治十七年，1660）大昭寺主殿底层曾一度被香客占用的佛堂已全部腾出来，仍分别改建为兜率堂、观音堂、无量寿佛堂和法王殿，并塑造了各种佛像摆在佛堂内。藏历癸卯年(清康熙二年，1663)，(第二任)第悉赤勒嘉措(1660—1669在位）把主殿的转经廊修复一新。藏历甲辰年（康熙三年，1664），五世达赖在转经廊内侧重新画上了壁画……同时在神殿正门内两侧塑造了四大天王。大昭寺三楼北侧的金顶，虽曾由四世班禅洛桑曲坚（1567—1662）整修过一次，但光泽减弱，与其他金顶不相称，于是五世达赖在藏历庚戌年（康熙九年，1670）新建了一个与其他一模一样的金顶。藏历壬子年（康熙十一年，1672）……在拉萨举行传召法会的时候，坛场集会非常拥挤，（第三任）第悉（桑日瓦洛桑土多，1669—1675在位）在拉让内为朗杰扎仓新修一大殿……后来谓之伊昂的大经堂，当时就属于拉让的。现在存有的佛主的座背、座榻及其顶，都是五世达赖于藏历癸丑年（康熙十二年，1673）新修的。”

4 参见：宿白．藏传佛教寺院考古[M]. 北京：文物出版社，1996：17-20.

5 参见：五世达赖喇嘛阿旺洛桑嘉措．五世达赖喇嘛传[M].陈庆英，马连龙，马林，译．北京：中国藏学出版社，2006：269.

图 1-8　大昭寺佛殿图

图 1-9　远望药王山上的门巴扎仓

门新建了敏中曲度康佛堂，其位置大约在今拉萨市北京中路自治区地矿局一带[1]。第悉桑结嘉措还主持建筑了乃琼多吉扎央林、药王山片珠尔卓潘达那欧擦日介林等多处寺庙[2]，将加布日山（俗称药王山、铁山）上的一座尼姑庙改建为门巴扎仓，成为第一座从寺院中独立出来的藏医学扎仓[3]（图 1-9）。

### 2. 中期拉萨城的扩张

（1）历史背景

清朝中央政府对西藏地方的管理是一个逐步完善和加强的过程。依据各个时期形势的不同，采取适宜的管理措施，直至清代中期，方才逐步建立起较为完善的治理西藏地方的建制与章程。清中期西藏地方的形势较为复杂多变，这也促进了各种建制与章程的出现。这些建制与章程又通过各种运作方式影响着拉萨城的进展，使这一时期的拉萨城得以扩张。

公元 1717 年，准噶尔部蒙古军偷袭西藏，进军拉萨。拉藏汗兵败被杀，准噶尔人暂时掌握了西藏的大权，对拉萨各大寺院的金银进行了搜刮。清朝中央政府从 1718 年到 1720 年间先后两次派兵入藏，驱逐了全部准噶尔军队。在平定准噶尔部的同时，七世达赖喇嘛格桑嘉措从青海塔尔寺被护送到拉萨，并于公元 1720 年在布达拉宫坐床。公元 1721 年（康熙六十年），清朝决定废除第悉职位，设立四名噶伦共同管理政务，标志着厄鲁特蒙古贵族控制西藏地方政权的历史结

1 恰白·次旦平措，诺章·吴坚，平措次任．西藏通史——松石宝串[M]. 第 2 版．陈庆英，格桑益西，何宗英，等，译．拉萨：西藏古籍出版社，2004：685-686.

2《布达拉宫志汇编》：21. 转引自：恰白·次旦平措，诺章·吴吴坚，平措次任．西藏通史——松石宝串 [M]. 第 2 版．陈庆英，格桑益西，何宗英，等译．拉萨：西藏古籍出版社，2004：697.

3 西藏自治区文物管理委员会．拉萨文物志 [G]（内部资料），1985：82.

束，清朝直接任命上层僧俗分子掌握地方政权的开始。

1727年，清朝在拉萨正式设立驻藏大臣，建立官署，并派遣办事大臣和帮办大臣二人常驻拉萨，督办西藏事务。1739年（乾隆四年），晋封颇罗鼐为郡王（俗称藏王），清朝正式在西藏推行在驻藏大臣监督下由藏王主持藏政的行政管理体制。公元1750年，世袭藏王珠尔墨持那木扎勒意欲叛乱，驻藏大臣设法剪除了珠尔墨持那木扎勒,其后清廷废除了郡王掌政制度。公元1751年,由皇帝批准颁行“善后章程”（十三条），规定了达赖喇嘛和驻藏大臣共同掌握西藏要务的体制，订立吏政、边防、差徭等制度。在拉萨正式建立噶厦政府，内设四噶伦，由三俗一僧充任，地位平等，秉承驻藏大臣和达赖喇嘛的指示，共同处理藏政。公元1754年在布达拉宫设立了僧官学校和译仓机构，制定了僧官学校的规章制度，并把毕业的大批僧官派往噶厦政府和各宗谿任职。

公元1757年（乾隆二十二年），创设了达赖喇嘛未亲政时的“摄政”制度[1]。1791—1792年，乾隆帝亲自调遣各族兵士万余大军，入藏反击廓尔喀军队的入侵，取得了胜利。战争结束后，乾隆谕令：“妥立章程，以期将来撤兵后，永远遵循”。1793年，清朝颁布了《钦定藏内善后章程》二十九条，对西藏政府的组织、政治、财政、金融、军事、外交及达赖、班禅转世等方面，都分别作了详细规定。《钦定藏内善后章程》的颁布标志着清朝对西藏的统治达到全盛时期。“二十九条”依据和总结了清朝前期、中期一百余年治理西藏的经验，又在此后一百多年中，成为西藏地方行政体制和法规的基本原则规范。

（2）大昭寺及其周边官署建筑的修建

作为宗教文化表征的大昭寺得到了历代的修建，清盛之时也不例外。依据《大昭寺史事述略》中的记载，大昭寺在这一时期继续得到了大力修建。清乾隆帝敕谕七世达赖格桑嘉措统管西藏政教事务时，任命了四个噶伦，西藏地方政府的政权机构“噶厦”便设在了大昭寺的南面。此后又逐步在大昭寺周边修建了一些官署建筑。此外，还有许多重要地方政府的机关也都设在大昭寺的四周。

以清朝中央政府在西藏设置的代表中央行驶地方管理权的派出机关——驻藏大臣衙门为例，最早的驻藏大臣衙门通司岗就位于大昭寺的东北方向。《西藏图

1 摄政制度：从公元1757 年（乾隆二十二年）开始，在历世达赖喇嘛亲政之前，均由中央政府指派一名德高望重的大活佛作为摄政代其执掌政教大权。摄政制度是清朝政府对西藏地区实行政教合一统治的一种补充、完善和发展。

考》又称为“宠斯冈”，书中记载：“宠斯冈在西藏堡内大街，昔为达赖喇嘛游玩之所，今为驻防衙署。”[1] 在珠尔墨持那木扎勒之乱后，改建为双忠祠，以纪念大臣傅清、拉布敦。其时，“藏番追念两公遗泽，岁时奔走，香火不绝”[2]。驻藏大臣衙门也迁至大昭寺以北一里许、小昭寺西南角附近的甘丹康萨宫，此处是当时查没的珠尔墨持那木扎勒的府邸。公元 1788 年（乾隆五十三年）巴忠奏称：“驻藏大臣等所住之房，系从前珠尔墨持那木扎勒所盖，原有园亭，并闻多栽树木，引水入内。后因入官，作为驻藏大臣衙门，历任驻藏大臣俱略为修葺。”[3] 由此可知，历任驻藏大臣对所住衙署都按照自己的意愿进行过维修与整饬。是年，乾隆给军机大臣的诏谕中云：“驻藏大臣所居，闻系三层楼房，楼高墙固，即有意外之事，易于防守。”[4] 翌年，经驻藏大臣舒濂奏准，“从前雅满泰所住楼房屋，除改建仓库贮米外，余房甚多，应概行拆毁，盖造教场”[5]。其后，驻藏大臣衙门又经过两次迁移，先是在距拉萨北郊约七里的扎什城兵营的前面，使用至晚清咸丰年间，后又迁至在大昭寺以西约里许的鲁布地方，直至清末。

（3）喇让建筑的兴建

喇让建筑在这一时期得到了较大规模的兴建，这与清政府对藏传佛教的政策密切相关。从清初的“兴黄教[6]，即所以安众蒙古”[7]，到清中期时的扶植、尊崇格鲁教派，其目的就是因势利导，利用格鲁派传统的力量和社会政治影响，利用宗教的教化作用，“易其政，不易其俗”，来实现驾驭蒙古诸部，安抚藏区之意。格鲁派的达赖喇嘛和班禅额尔德尼这两大活佛转世系统先后得到清政府的认可和册封，这极大地促动了藏传佛教活佛转世体系的兴盛。依据理藩院造册可详知，清代全国共设呼图克图[8]160 人，其中驻京喇嘛 13 人，藏喇嘛 31 人，番喇嘛 40 人，

1 [清]黄沛翘．西藏图考[M]．拉萨：西藏人民出版社，1982：186.

2 西藏自治区文物管理委员会．拉萨文物志[G]（内部资料），1985：126-127.

3 《清高宗实录》卷 1318。

4 《清高宗实录》卷 1318，《清实录藏族史料》第七集，3165 页。

5 《清高宗实录》卷 1339。

6 黄教：即格鲁派，俗称黄教。

7 《清高宗实录》。

8 呼图克图：亦作“呼土克图”。蒙语 Xutugtu 音译，意为有寿者。清王朝授于藏族及蒙古族喇嘛教大活佛的称号。凡属此级活佛，均载于理藩院册籍，每代“转世”必经中央政府承认和加封。乾隆以后，“转世”须经清廷主持的金瓶掣签确定。西藏的大呼图克图有些具有出任地方政府摄政的资格。

游牧喇嘛 76 人[1]。对于这些高僧，清廷又参照世俗等级制度，制定了不同的喇嘛等级（即职衔），而且也都给予了不同规格的待遇。在这一段时期里，喇让建筑在西藏地方得以大量建造，其中又以拉萨的喇让建筑最具有代表性。

乾隆二十二年（1757）时创建了达赖喇嘛未亲政时的摄政制度，它的出现并成定制，促使拉萨城内先后建造了一批比较有影响的喇让。其中最具代表性的当属有“四大林”之称的丹吉林（丁吉林）、贡德林、策墨林（策门林）和惜德林。它们是西藏历史上四大摄政王呼图克图大活佛的私人喇让，是摄政活佛驻拉萨的官邸（图 1–10）。

图 1–10　四大林的位置示意图

第一任摄政是第穆活佛，丹吉林是其官邸，御赐名为阐宗寺（广法寺），在大昭寺西南侧。其后又有两位第穆活佛担任过摄政。贡德林是达察活佛在拉萨的官邸，赐名永安寺。达察活佛系统共出了两位摄政。《卫藏通志》记载：“御赐庙名曰卫藏永安，颁四译字匾额，建在磨盘山之南麓，参赞公海兰察巴图鲁等捐资修建，为济咙（济隆）呼图克图住锡之所。”[2] 策墨林是哲蚌寺策墨呼图克图的驻锡之所，赐名崇寿寺，在小昭寺之西，琉璃桥之北。策墨林活佛是第二任摄政

1　中国社科院边疆史地研究中心 . 乾隆朝《大清会典》中的理藩院资料 [M]. 北京：全国图书馆文献缩微复制中心，1988：83.

2　西藏研究编辑部 . 西藏志・卫藏通志合刊 [M]. 拉萨：西藏人民出版社，1982：281.

喇嘛，任职 14 年。1777 年，“七月十四日，敕封为沙布勒图额尔德尼诺门罕，赏赐礼品。从此，诺门罕摄理政务，驻锡甘丹康萨宫，后迁居策墨林私邸”[1]。这就是第一任摄政的策墨林活佛，其所修建的是策墨林的东殿。策墨林活佛系统共出了两位摄政。其西殿建于二世策墨呼图克图锡阿旺绛贝楚臣嘉措任摄政期间（1819—1844）。惜德林的兴建时间则是在晚清时期，它是热振活佛的官邸。热振第九辈活佛阿旺耶协楚逞坚赞在清道光二十六年（1846）曾经代摄藏政，因而始被列为四大摄政活佛之一。

这四大摄政活佛的地位仅次于达赖和班禅，所以有能力建造规模宏大的喇让，建筑平面形式多为方形庭院，二至四层的主体建筑在北侧，包括门廊、经堂、佛殿等，与常规的藏传佛教寺庙建筑形态颇为相似，清廷亦为其御赐寺庙之名。它是产生于西藏地方这一特殊社会环境中的一类较为特殊的建筑。或有称喇让为府邸者，概因喇让的兴建与存在是以某位活佛为中心，紧紧围绕着活佛的起居生活、礼佛理政等活动来运转，与活佛的命运息息相关。喇让里除了经堂、佛殿外，也设有活佛日常起居、处理政务的场所，休息的卧室，私人的书房和经堂以及侍从们的居室等。但观拉萨城内外规模较大的寺庙建筑，如哲蚌寺、色拉寺、大昭寺等，亦常设有供活佛使用的此类生活起居、处理政务的空间，或者也建有喇让建筑。又及“四大林”的使用者是活佛喇嘛，也仍以传经、弘法为目的，是佛、法、僧俱全的三宝道场。当摄政活佛退位之后，这一功能更加突出。故而文中仍将其归属于寺庙建筑进行阐释。

拉萨“四大林”的建筑规模比较大，有着较为宽敞的庭院，甚至带有夏宫等林卡游憩空间，所以也决定了在城内中心地带难以找到适合建造的位置，所以各大喇让的选址应是在其时拉萨城的城郊地带，依据现存各大喇让的遗存或可推知其时拉萨古城的大致范围。再者，它们的出现与发展对拉萨城市空间的影响是逐渐发生的，并且随着时间的推移与担任摄政之人的不同而有变化，可以肯定的是喇让的兴建对于拉萨城的扩张起到了促进作用。

（4）贵族府邸的聚集

贵族是在社会上拥有政治、经济特权的阶层，藏语习惯称之为“格巴”“米

---

1 [清]张其勤．清代藏事辑要[M]．拉萨：西藏人民出版社，1983：204-378，411，413，415，439.

扎”“古扎”。其存在历史悠久，延绵至清中期之时，贵族阶层更在社会政治生活中占据非常重要的地位。其具体的表现方式主要有两点：一是在地方政府部门中担任一定的官职，掌握一定的职权；二是占有庄园、土地、属民等，也即拥有大量的财富。西藏贵族阶层对权势和财富的拥有，又使其在整个社会中的地位愈发稳固。清代拉萨成为政权的中心城市之后，拥有参政特权的世俗贵族常会选择离开所属庄园来到拉萨，以求能够在西藏地方政府里谋求职位，并且在拉萨修建高大的府邸用来长期居住。西藏贵族家庭的名号，或源自于所属祖辈庄园之名，或者就是其在拉萨的府邸之名。可见府邸修建得是否壮丽，与其财富的多寡有关，而这即是衡量贵族身份地位的标识。所以在这种观念的驱使下，不少贵族世家纷纷聚集拉萨，陆续兴建了一些贵族府邸，使整个拉萨的城市空间逐渐变得拥挤和热闹起来。

至七世达赖喇嘛之时，拉萨贵族府邸的兴盛达到高潮。公元1727年(雍正五年)爆发的卫藏战争，后藏贵族颇罗鼐因得到清廷的支持而在战争之中获胜，成为西藏地方的郡王和实际的西藏地方政务的执掌者。这不仅使得后藏贵族一跃而起，纷纷选择到前藏拉萨发展以求巩固自己的权势，而且也使得以颇罗鼐为代表的贵族权势发展到顶峰。不过在这一时期，虽然新封授了一些王公贵族，但因卫藏战争损耗了不少财力和物力，所以选择入住拉萨原有旧宅院的贵族也有不少。不过入住后的改扩建工程并没有停止，新的府邸也仍在兴建。

此外，从七世达赖喇嘛开始，西藏地方政府给予历代达赖喇嘛的家庭成员以贵族的待遇和财产，并为其在拉萨修建府邸。尧西贵族因其与达赖喇嘛之间特殊的血缘关系而很快得到贵族阶层的认可。它的出现使得西藏贵族阶层内部的权力又有了新的分配。其后，历代达赖的家人都会随其迁至拉萨居住，达赖的父亲或兄均按旧例受清廷封“辅国公”。历代尧西家庭在拉萨均建有豪华的府邸，如桑珠颇章、宇妥桑巴、彭康、拉鲁嘎彩、朗顿和亚布溪达孜（图1–11）。

图 1-11　从西南远望拉萨的市中心（约于 1912 年绘制，拉萨城内遍布贵族府邸）

（5）林卡的发展

"林卡"[1]，藏语音译，通常意指"园林"。拉萨城内外存在着大大小小的林卡数处，它的存在与发展对拉萨城的扩张和城市风貌起到了举足轻重的作用。林卡的存在历史悠久，但其得到大规模兴建和飞跃性发展的时间却比较晚。发展至甘丹颇章政权之时，拉萨在原有林卡的基础上，着力营建了罗布林卡。此外，龙王潭和喇让夏宫的林卡、部分贵族府邸的附属林卡，及周边寺庙的僧居园（辩经场，林卡的一种类型）等也都得到了极力营建，是藏式传统园林发展的新阶段。

以罗布林卡为例，它作为藏式传统园林的典型代表在这一时期得到了较大规模的兴建，也为拉萨城的向西扩张奠定了基础。新修的园林建筑呈现出与内地园林颇为相近的景观意向。依据现有的研究成果通常认为其兴建始于七世达赖喇嘛

1 藏语音译，通常意指"园林"。"林卡"的实际含义要广泛得多，一片丛林也可包括于林卡的含意之内。事实上，藏族人民也常把"林卡"当做一种活动来叙述，它包含了在林卡中所进行的歌舞、野宴等一系列娱乐休闲活动。书中所指的"林卡"即为"园林"之意。

图 1-12　罗布林卡的乌尧颇章

图 1-13　罗布林卡的格桑颇章

时期。公元 18 世纪上半叶，清廷新设立的驻藏大臣根据朝廷旨意，在此为七世达赖修建了第一座行宫建筑名叫乌尧颇章[1]（图 1-12），供其休憩，这是罗布林卡建园之始。传统观点多以在罗布林卡中修建第一座建筑格桑颇章作为罗布林卡存在的开始，这种观点大约受内地对园林艺术的解读所致。笔者认为，应以在林卡内着力兴建园林建筑作为藏式传统园林发展到新阶段的标志。罗布林卡发展至七世达赖喇嘛之时，进入了一个新的发展阶段。七世达赖喇嘛于 1775 年修建了格桑颇章（图 1-13），以后经历辈达赖喇嘛陆续增建，遂成为闻名于世的园林。同时，也为拉萨城的西扩拉开了序幕，由此形成了以布达拉宫为中心，辐射八廓街、罗布林卡周围约 3 公里的城市，使拉萨的城市风貌呈现出新的景象。

### 3. 晚期拉萨的城市转型

（1）历史背景

1840 年鸦片战争之后，清朝政府的统治逐渐日薄西山，不断屈服于帝国主义列强的武力侵略扩张之中，中国被迫开始了曲折的近代化历程。清政府对西藏的统治开始走下坡路。清朝中央政府第一次对西藏不能提供有效的保护是在 1856 年与尼泊尔的摩擦事件之中。此外，在通商和游历等问题上，噶厦和清廷也持有不同的看法和执行着不同的政策。在英帝国主义进行侵略之际，清朝和噶厦的矛盾

1 乌尧颇章，“乌尧”意为帐篷，“颇章”意为宫殿，故又名帐篷宫，亦称凉亭宫。

终于爆发，噶厦竟“不听驻藏大臣约束，转致驻藏大臣办公掣肘，甚至公文折报，须先关白，然后乃得遄行”[1]。

19世纪，正是英国的东印度公司向喜马拉雅山脉地区扩张的时期，其对西藏沿边界的尼泊尔、哲孟雄和不丹的侵略，引起了清廷的忧虑。英国从南部、俄国从北部、法国从东部等纷纷派遣探险家、传教士等秘密地或公开地潜入西藏。频繁出入西藏境内的所谓科学考察团、传教士等引起了西藏地方的不满，由此拉开了西藏寻求变革和发展，抵御外敌的序幕。

西方殖民势力持续进入西藏的目的是为了打开贸易通道，进行市场占领和掠夺矿产资源，对西藏实施殖民统治。这种目标当然受到清朝政府的制约和西藏僧俗社会的抵制，武力入侵也就成为西方殖民势力必然的选择。英军的两次入侵西藏，使得清政府认识了在列强争夺下西藏问题的严重性。为了巩固在西藏的统治，保住西藏的屏障，1906年4月，清朝派遣张荫棠以驻藏帮办大臣的身份入藏查办藏事。张荫棠决心对西藏实行政治经济改革，训练军队，变革图强。可惜张荫棠仅在藏年余即于1908年离职，他的主张和措施虽然在重重阻挠下并没有得到切实有力的贯彻，但是仍然在僧俗民众中留下了深刻的影响，给长期停滞、落后、沉闷的西藏社会带来了一股强劲的改革之风。

1912年12月中旬，流亡印度的十三世达赖喇嘛回到拉萨，西藏地方的亲英势力抬头。英国利用辛亥革命后西藏的混乱局势用尽手腕来策动“西藏独立”，但是其阴谋活动终未得逞。十三世达赖喇嘛则痛感西藏的闭塞落后，力量薄弱，开始着手改革，推行新政，试图自强。他所采取的一系列改革措施使包括拉萨在内的西藏地方走向近代化的道路。

国民政府于1940年在拉萨正式设立了蒙藏委员会驻藏办事处，开始整治西藏事务。虽然国民政府的管理力度比较薄弱，但是其采取的部分措施还是较好地推动了西藏地方的近代化历程。

（2）新建筑类型的出现

拉萨迈入近代化的历程之后，伴随着新功能的需求出现了一些新的建筑类型。首先表现在教育方面，随着近代教育的萌芽，传统的以寺院为主的教育模式被打破。西藏地方政府、清朝中央政府，以及民国中央政府都为西藏地方的近代教育

1 《文硕奏牍》卷一。

发展做出了贡献。在藏医学教育领域，1916 年，经十三世达赖喇嘛批准下令在拉萨丹吉林寺的西侧庭院内创办门孜康（医药历算局）[1]，采取藏族传统的教育方法，传授藏医药和天文历算知识（图 1-14）。从 1906 年起（光绪三十二年），清朝中央政府在西藏陆续设立 2 所小学堂、1 所汉文传习所、1 所藏文传习所及陆军小学堂。截至 1909 年（宣统元年）3 月，已经先后在西藏地区设立了 16 所学堂，成绩斐然[2]。1940 年 1 月，民国中央政府在拉萨建立国立小学，设 6 个班，当时有学生 187 名，教职员 12 人。这被认为中央政府在西藏地区创办的最早的学校[3]（图 1-15）。

邮电通讯等基础设施在社会经济生活中具有桥梁和纽带的作用。1909 年前，西藏地方政府就架设了自驻藏大臣衙门至西大关之间约 30 里的电线。1909 年（宣统元年），清政府邮政总局总办帛黎派邮政巡察供事华员邓维屏前往西藏筹办邮政。邓维屏到拉萨后，立即着手训练和培养邮政人员，准备在西藏开设大清邮政官局。1910 年（宣统二年），拉萨邮界成立，联豫下令将原有的塘兵驿站并入邮政制度内。1911 年（宣统三年），拉萨设立了邮政管理局，察木多、硕般多、江孜、江达、亚东、帕克里和日喀则等地设立了二等邮局，西格孜设立了邮政代办所。之后，西藏地方政府在民国时期进行了重新设置。1925 年，创办了扎康（邮政局），将位于大昭寺西侧的丹吉林的部分房屋改成邮电局，是为西藏现代邮政的开始（图 1-16）。十三世达赖委派僧官扎巴曲加、俗官贝喜娃二人为扎吉（邮政总管），办理西藏境内邮政。同年，还成立了拉萨电报局，十三世达赖委派从英国留学回

图 1-14　门孜康

图 1-15　拉萨小学

1 参见：傅崇兰 . 拉萨史 [M]. 北京：中国社科院出版社，1994：198.
2 王元红 . 中国西藏古代行政史研究 [D]. 成都：四川大学，2006：55.
3 李延凯 . 历史上的藏族教育概述 [J]. 西藏研究，1986（03）.

来的俗官吉普·罗布旺堆和从印度留学回来的僧官孜仲·曲丹丹达二人为局长[1]，架设了拉萨至江孜的电线。

图 1–16　扎康（邮政局）

近代拉萨兴建了西藏地方钱币铸造厂。1909 年，西藏地方政府在拉萨北郊的扎齐地方，建一铸币厂，以水为动力，用机器造银币和铜币，开创了西藏地方用机器铸造硬币的历史。1917 年建立梅吉机械厂，初为火药厂，继而仿造步枪、子弹、大炮。同时还兼铸铜币和印制钞票、邮票。1918 年，西藏地方政府又在罗布林卡西边“罗堆色章”成立罗堆金币厂。1920 年，十三世达赖喇嘛扩充藏军，并成立了警察局。1922 年，在拉萨北郊“夺底”地方成立“夺底”造币厂。1931 年 11 月，西藏地方政府在十三世达赖喇嘛主持下，于拉萨北郊 3 英里处的扎希主持修建了西藏历史上第一座电力机械厂——“扎希电机厂”，并把原有的制造货币的罗堆色章、夺底造币厂、梅吉机械厂三个厂并入其中。十三世达赖题为“扎希电机厂无边希有幻化宝藏”，直接受噶厦政府管辖[2]。上述所有近代产业的兴办不仅反映出西藏近代经济社会的发展和变化，也反映出拉萨城市功能的变迁。

（3）传统建筑的改扩建

伴随着近代化程度的逐渐深入，拉萨的部分传统建筑也陆续开始了改扩建。最著名的实例是布达拉宫的改扩建，其建设活动从五世达赖修建布达拉宫白宫开始，历经各辈达赖喇嘛的扩建，一直延续到近代之时。其后为十三世达赖喇嘛修建的灵塔殿格勒顿觉让布达拉宫红宫更加完整壮美，以至于藏学家陈庆英称布达拉宫的完美是十三世达赖喇嘛的一大贡献（图 1–17）。这一时期，在布达拉宫雪村围墙外的西南角也陆续兴建了部分民居、手工作坊等附属建筑（图 1–18）。建筑冲破了围墙的界限，呈现出向外自由扩张的趋势。

拉萨寺庙的改扩建也未曾中断。以大昭寺、小昭寺、旧木鹿寺为例，据《大

1 牙含章．达赖喇嘛传 [M]. 拉萨：西藏人民出版社，1984：260.
2 傅崇兰．拉萨史 [M]. 北京：中国社科院出版社，1994：200.

昭寺史事述略》所记："大昭寺楼上达赖的住处及其周围曾进行多次修整，规模最大的一次是在藏历第十六绕迥庚寅年（1950）。北面的住宅区基本上是拆掉重建的，同时还新修了观会的康松司弄（威镇三界阁）。"[1] 小昭寺则由于乾隆年间以及其后的多次火灾，亦曾屡次重修。同样，位于大昭寺东邻的著名的古寺——旧木鹿寺（或译作墨如宁巴），在这段时期里也得到重修。据《西藏王统记》记载热巴巾时（815—838 在位）在大昭东、南、北三面建寺："（热巴巾）王之受供僧娘·霞坚及少数臣僚等在拉萨东面（陈译本此句作"在大昭寺东面"）建噶鹿及木鹿寺，南面建噶瓦及噶卫沃，北面建正康及正康塔马等寺。"[2] 现存旧木鹿寺的主要建筑——三层佛殿和绕建的二层僧房，均为十三世达赖喇嘛之时重建。此外，还在大昭寺之东北方向，小昭寺之东南方向新建一座墨如寺。

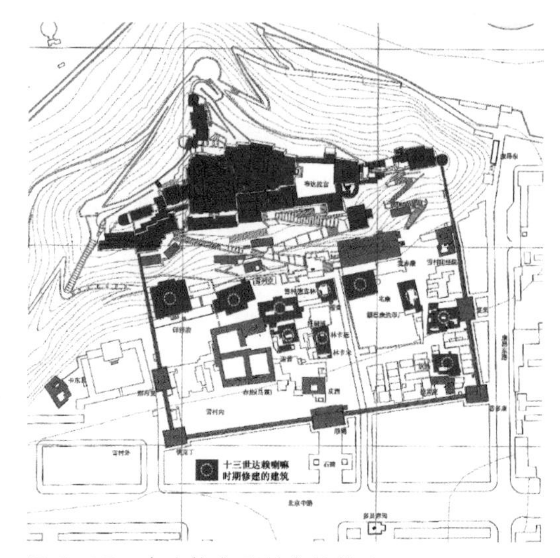


图 1-17　布达拉宫雪村内的扩建

图 1-18　从药王山看布达拉宫（1937 年拍摄）

20 世纪上半叶，拉萨的建筑开始表现出对外来建筑文化容纳的新特性。十三世达赖喇嘛掌权后，曾派一些贵族子弟到印度和英国等地去学习，这些人回来后，带来西方先进文化和现代生活习俗。尤其是 20 世纪四五十年代，拉萨一些贵族纷纷选择从拥挤的老城搬出，在城郊新建带有园林的住宅，从而出现了许多独家

1 转引自：宿白．藏传佛教寺院考古 [M]. 北京：文物出版社，1996：19-20.
2 萨迦·索南坚赞．西藏王统记 [M]. 刘立千，译注．北京：民族出版社，2000.

独院的园林式贵族宅院。贵族宅院发展的这种别墅化趋势明显表现出受外来文化影响的痕迹。如位于拉萨的江洛金贵族庄园建造年代比较晚，代表了后期别墅化庄园的布置特点。整个园林占地约1.2公顷，规整地划分为四个区域。主体建筑（主楼）位于园林西北角，其余三个区域为菜圃和果园，园与宅融合形成一个整体，且周围用矮墙围绕（图1–19、图1–20）。

同时，外来文化的波及还体现在对新型建筑材料的使用上。建筑门窗开始采用玻璃代替传统的纸张，水泥等建筑材料也开始有所应用。更有贵族子弟从国外带回来一些钢梁，在设置钢梁的房间里，取消传统的柱子。尽管建筑主体依旧保持着藏式传统建筑的特色，但是房屋的平面设计和楼梯样式等都有了新的变化。在拉萨老城周围出现的许多新的宅院是此类贵族府邸建筑的实例。

此外，清末张荫棠的藏事改革（1906—1908）为拉萨的城市面貌注入了新的生机。吉曲河河堤两岸的草地、灌木和树丛组成了一条绿化带，正是张荫堂倡导种植的。作为纪念，今人称之为“张”绿化带，并命名了一种花为“张大人花”。

图1–19　拉萨江洛金园林别墅

图1–20　拉萨江洛金园林别墅平面

# 第二章　拉萨城市基础与文化构成

第一节　城市基础

第二节　城市规模

第三节　文化背景

第四节　社会与宗教

# 第一节　城市基础

### 1. 地理位置

拉萨位于河谷平原地带，“四山环拱，一水中流，藏风聚气，温暖宜人”[1]。从宏观的区域视野考察，拉萨地处青藏高原，亚洲腹地，是联系东亚、西亚、南亚，甚至欧洲的重要交通要冲。清代黄沛翘所编《西藏图考》亦云：“东通四川，东南达云南界，东北向潘州暨湟中，达中华。正南千里通后藏，西北由后套穿衣里直达泽旺蒙古部落。土人云有万里之远。西抵后套，西南向大西洋海边。”[2]西藏自古以来就有与周边地区进行交流往来的历史，盖因于此。同时，吐蕃时期开始设置的驿站制度，以及与其他区域的文化交流、商贸往来等，又彰显着这一地理位置的优势，奠定了拉萨日后发展成为“西藏政教之中心、亦工商业之要区”[3]的基础（图 2–1）。

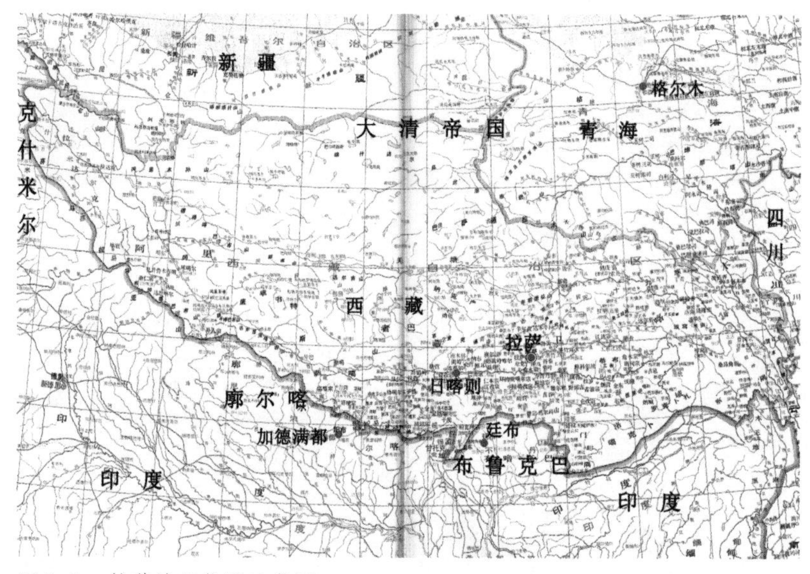


图 2–1　拉萨地理位置示意图

1 西藏社会科学院西藏学汉文文献编辑室．西藏地方志资料集成（第一集）[M]. 北京：中国藏学出版社，1999：17.

2 [清]黄沛翘．西藏图考 [M]. 拉萨：西藏人民出版社，1982：186.

3 西藏社会科学院西藏学汉文文献编辑室．西藏地方志资料集成（第一集）[M]. 北京：中国藏学出版社，1999：17.

### 2. 驿传线路

吐蕃王朝时期，就已建成通向各属地的驿路，随后又加以延伸，建成了通向周边各国的驿传路线。《新唐书》卷 40《地理志·鄯州鄯城》条注详细记载唐使自鄯城至吐蕃的驿程："由鄯城西行历经临蕃城、白水军、绥戎城、定戎城、天威军、赤岭、莫离驿、那录驿、黄河、众龙驿、多弥国西界、列驿、婆驿、悉诺罗驿、鹘莽驿、野马驿、阁川驿、蛤不烂驿、突录济驿、农歌驿至逻些或经姜济河、卒歌驿至赞普夏牙所在勃令驿。"[1] 逻些，即为拉萨，作为驿站，已位于交通要道之上。据唐义净《大唐西域求法高僧传》记载，自汉地去天竺取经求法的僧人也多有路经吐蕃者，先后曾有八人往来于长安和印度之间，他们都路经拉萨，有的人还曾受文成公主资助。《玄照法师传》中有记载较为详细者："沙门玄照法师者，太州仙掌人也。……蒙王发遣送至吐蕃。重见文成公主，深致礼遇，资给归唐。于是巡涉吐蕃而至东夏，以九月而徉苫部，正月便到洛阳。五月之间途经万里。"[2] 由这段记载亦可知，吐蕃时期的拉萨已经是周边地区文化交流的重要节点。

吐蕃通往唐朝的道路，又称"唐蕃古道"。依据《新唐书》卷40《地理志·陇右道》记载："……三百二十里之鹘莽驿，唐史入蕃，公主每使人迎劳于此……又六十里至突录济驿，唐使至，赞普每遣使慰劳于此……又经汤罗叶遗山（念青唐古拉山）及赞普祭神所，二百五十里至农哥驿。唐使至，吐蕃宰相每遣使迎候于此。该驿约在今羊八井附近……乃渡藏河（雅鲁藏布江），经佛堂，九十里至勃令驿鸿胪馆，至赞普牙帐。"[3] 文中所提"经佛堂"，佛堂是大、小昭寺的代称，此处借指拉萨。

吐蕃王朝在青藏高原设立的驿传线路为元朝在这一地区设立驿站打下了基础。元朝在全国推行站赤制度，在青藏高原设置的驿站从青海的汉藏交界处开始，穿过吐蕃等处宣慰使司都元帅府、吐蕃等路宣慰使司都元帅府和乌思藏纳里速古鲁孙等三路宣慰使司都元帅府等 3 个宣慰使司的辖区，止于萨迦，共设有 27 个大站，维系着吐蕃各部与内地的联系交往；驿传线路也部分沿袭了吐蕃王朝时期开通的吐蕃与唐朝之间的驿路，拉萨仍然是驿路上的一处重要驿站，发挥着其地理位置的优势。

1 新唐书 [M]. 北京：中华书局点校本，1975：1041-1042.

2 [唐]义净.《大唐西域求法高僧传》卷上，见《大正新修大藏经》卷五一。

3《新唐书》卷 40《地理志·陇右道》，转引自：陈庆英，高淑芬. 西藏通史 [M]. 郑州：中州古籍出版社，2003：64.

**3. 商贸往来**

早在吐蕃王朝时期，就有几条著名的商道，或以拉萨为终点，或以拉萨为起点，或经由拉萨去往其他地区。其中盛产于藏东、川西等地的麝香，源源不断地运往西亚的伊朗、阿拉伯等地，这条商路被称为“麝香之路”。《隋书》记女国，“出鍮石、朱砂、麝香、牦牛、骏马、蜀马，尤多盐，恒将盐向天竺兴贩，其利数倍。”[1]这是此前已存在的“食盐之路”[2]。与南面衔接的商路则称“佛法上路”，与中原汉地连接的商路被称为“丝绸之路”。又有“茶马互市”“贡赐”等商贸方式，促进了拉萨与内地的交通联系。

吐蕃王朝时期，连接东西方经济文化的重要通道——丝绸之路正处于繁荣时期，吐蕃曾积极参与东西丝绸之路主干道的贸易和控制权的争夺战之中，西与大食争雄中亚，东与唐朝角逐西域及河西陇右。吐蕃在不断参与与周边地区经济文化交流和丝绸之路贸易的过程中，增进了自身的活力，并在事实上形成了青藏高原繁荣的贸易通道。由于丝绸贸易所占有的特殊地位，以及它所具有的特殊内涵，学界也常称之为“吐蕃丝绸之路”（图 2–2）。据萨迦·索南坚赞所著《西藏王统记》

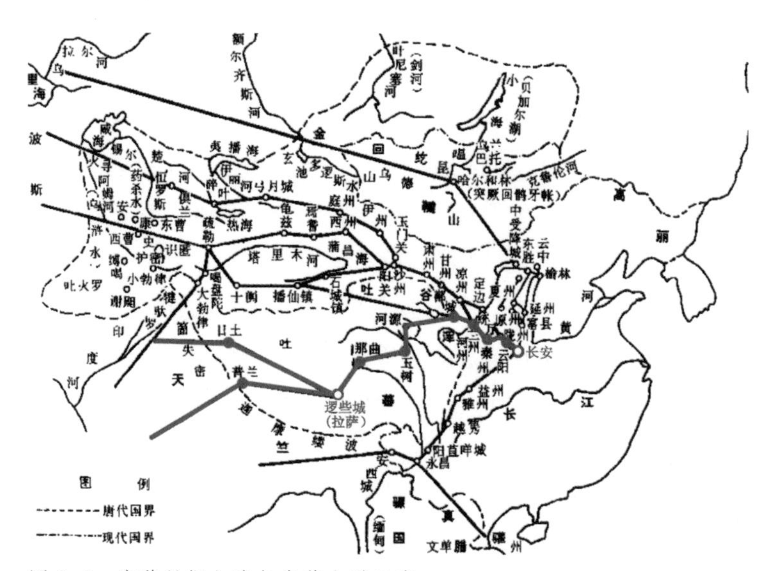


图 2–2 唐蕃丝绸之路与唐蕃古道示意

1 《隋书》卷 83《西域·女国》。

2 萨迦·索南坚赞．西藏王统记 [M]. 刘立千，译注．北京：民族出版社，2000.

记载：在拉萨大昭寺、小昭寺之间出现了专营丝绸的市场[1]。

茶马互市，是藏族人用马或其他土特产品交换汉地茶叶的一种经济活动，它源于唐，兴于宋，盛于明，衰于清。故《明史·食货志》说："唐宋以来，行以茶易马法，用制羌戎，而明制尤密。"到明代，茶马互市出现了空前繁荣的局面，既有官营的茶马交易，也有活跃的民间贸易活动。它不但"东有马市，西有茶市"，而且还强化了马政，建立了茶马互易制度。它既是一种经济关系，又是一种政治关系，体现了明朝中央政府对藏族地区的有效管辖和统治。茶马互市不仅促进了藏汉两地的政治、经济、文化交流，也促进了藏汉两地的交通发展，正是那些送马运茶的商人用脚逐步踏出了贯通川、甘、青、藏的古道，为驿道、贡道的畅通奠定了基础。

"贡赐"形式则以明代为最。明代朝贡之人"前后络绎不绝，赏赐不赀"[2]。贡马和方物随之大增，手工业贡品也大大增多。明朝中央政府曾不得不采取措施，对入贡对象的范围和人数、入贡时间、入贡线路等作出明确限制，重审"仍照洪武旧制，三年一贡"。一方面两地之间密切的往来反映了明代西藏与中原内地的经济关系得到空前发展，另一方面朝廷所回赐的丰厚的金、银、钞、绸缎、布匹、茶叶等也促进了藏区经济生活的改善。同时，进贡使者多数来自乌思藏，其路线基本是从拉萨至内地，这表明拉萨凭借其地理位置的优势，明代之时就已是西藏的重要城镇，为其后西藏地方的甘丹颇章政权定首府入拉萨，奠定了经济基础。

## 第二节　城市规模

### 1. 城区规模

文献中记载的拉萨城区规模普遍不大，且多有出入，概因对拉萨城的认知多有不同。笔者将相关文献筛选整理，清代编著的《西藏图考》记载："藏田水旱，土地平衍，活佛及藏王所都。活佛立床处为布达拉，藏王所居为诏，南北袤长四十里，东西延广四五里。陆可驰马，中贯河道，水流东南，不甚驶急，清波涟漪，清澈见底。诏内夹河，两聚部落。临白水江，为藏地之中央，番夷僧俗商贾杂处，

1 萨迦·索南坚赞．西藏王统记[M]．刘立千，译注．北京：民族出版社，2000.

2《明史》。

其地广二里许。诏中楼殿衙署街道马市，井井可观，四围无城郭。就居人所住碉楼，环绕相连，以为藩篱，似内地一大村镇。”[1]清代王世睿、道存撰《进藏纪程》中言及乌思藏，即指拉萨：“乌思藏古唐古特地方，一名西藏，又名中藏，东临大河，西枕苇荡，前揖峻岭，后以高山，离后藏班蝉（禅）喇嘛八日之程，是番王之窟宅，西域活佛之宝刹也。诸番职贡之所会，而喇嘛僧之所卓锡而处者也。形势如内地一大镇，东西约七八里，南北约三四里，街廛数四，忽断忽联，草树溪流，亦隐亦现。”[2]

英籍印人南辛格等曾于1865年化装成商人，经日喀则、江孜到达拉萨，沿途进行了侦探测绘工作。依据南辛格的考察报告可知当时拉萨河谷的尺度：“拉萨城海拔尚可忍受，为群山包围，其中的开放场地东至6英里，西至7英里，南至4英里，北至3英里。”[3]拉萨兴盛于此，同时也受河谷地形、水系的限制，从拉萨诞生直到清初之时的900多年的时间里，拉萨的规模一直不大。甘丹颇章政权建立之初，拉萨仅有以大昭寺为中心的八廓街区域，围绕大昭寺的周边建有一批民房、商店、旅馆等。布达拉宫修建后，在其山脚下城墙内形成了雪村，但直到1935年左右，布达拉宫雪村围墙外方才出现居民区[4]，规模也不大。公元17世纪末开始，在拉萨河谷陆续新建了一批僧俗贵族的府邸、园林等，拓展了拉萨城的规模。

1944年，国民政府的沈宗濂、柳陞祺进藏工作，后在二人合著的《西藏与西藏人》一书中记载了当时拉萨的规模，书中认为：“拉萨，这个所谓的喇嘛教徒的梵蒂冈，如果按现代的标准只不过是一个村庄。它小到从东到西不足2英里，南北也只有1英里。它位于吉曲河东西方向伸展的河谷之中。虽然位于雪域的心脏，却看不见雪山。周围有几座四五千英尺高的山峰，大多光秃，到处是岩石，在当地居民富于想象的心目中，把它们当做‘八大珍宝’的象征。”[5]通过这段文字描述可知当时拉萨的概况。依据《西藏人文地理》所刊对西藏城市规划管理人员的采访可知：“到1950年，拉萨市居民仅有3万人，城区面积不到3平方公里。

1 ［清］黄沛翘．西藏图考［M］．拉萨：西藏人民出版社，1982：186.

2 吴丰培．川藏游踪汇编［M］．成都：四川民族出版社，1985：69-70.

3 房建昌．拉萨：西方人早期对西藏的窥视［J］．西藏人文地理，2010（05）：108.

4 李多．圣城与都市之间——现代化建设进程中的拉萨［J］．西藏人文地理，2010（05）：22.

5 沈宗濂，柳陞祺．西藏与西藏人［M］．柳晓青，译．北京：中国藏学出版社，2006：201.

没有下水道设施，道路全是泥土路。城市周围都是长满芦苇的湿地。”[1] 而依据陈耀东所著《中国藏族建筑》中所言：“解放初期，拉萨只是一个面积仅 3 平方公里，居民 1 万多人的小城镇。”[2] 虽然二者在人口多少上有出入，但是城区规模基本一致。此处所指的城区规模均指以大昭寺为中心的八廓街区域，不包含布达拉宫雪村等区域。

英国人克莱门茨·R. 马克姆编著的《叩响雪域高原的门扉》中，记载了托马斯·曼宁的拉萨之行，文中言其参观了色拉寺、甘丹寺等寺庙，并描述了拉萨城的概况：“拉萨城周围为 3.7 公里。城中心有一座大寺庙，寺庙里的塑像里装有大量的金子和宝石；寺庙四周是市场，市场里的商店是由西藏、克什米尔、拉达克和尼泊尔的商人开办的，其中很多商人是穆斯林人，汉族商人也非常多。拉萨坝子长约 19.3 公里，宽约 11.26 公里，四周是大山。……布达拉宫是达赖喇嘛的住所，其周围为 2.4 公里，坐落在高出拉萨坝子 91 米的高地上。”[3]

### 2. 人口规模

城市人口的增长或萎缩是造成城市生长或衰败的重要因素。城市的市场规模、用地大小、建筑密度、居住面积、公共空间的规模等都与城市人口多少有着密切的关系。因而，获得这一时期拉萨人口的数量指标是研究拉萨城市空间不可缺少的一个重要内容。然而要获得准确的拉萨人口数据是十分困难的，现有文献中关于拉萨城市的人口状况统计不仅数量多，且常有出入，盖因城内流动人口过多之故。笔者仅将与拉萨人口统计有关的几份较具可信度的资料进行汇编，以供研读。

清代雍正、乾隆年间曾对西藏人口进行过清查统计。据清代《西藏志》记载：“乾隆二年（1737），造理藩院入一统志，内开达赖喇嘛在布达拉白勒蚌庙内居住，郡王颇罗鼐（注：应为鼐）管辖卫藏达格布、工布、卡木、阿里、西拉果尔等处，共大城池六十八处，共百姓一十二万一千四百三十八户，寺庙三千一百五十座，共喇嘛三十万二千五百六十众。班禅额尔德尼在扎什隆布寺内居住，观寺庙三百二十七座，共喇嘛一万三千六百七十一众，境内大城池一十三处，共百姓

1 李多 . 圣城与都市之间——现代化建设进程中的拉萨 [J]. 西藏人文地理，2010（05）：38.

2 陈耀东 . 中国藏族建筑 [M]. 北京：中国建筑工业出版社，2007.

3 [ 英 ] 克莱门茨 · R 马克姆 . 叩响雪域高原的门扉——乔治 · 波格尔西藏见闻及托马斯 · 曼宁拉萨之行纪实 [M]. 张皓，姚乐野，译 . 成都：四川民族出版社，2002.

六千七百五十二户，仍归郡王统属。”“布鲁克巴，即红教喇嘛地，其掌教扎尔萨昌……管百姓四万余户，大小城池五十处，寺庙一百二十座，共喇嘛二千五百余众。”“巴尔布三罕……三人共管百姓五万四千余户。”[1]

依据上述记载计算，乾隆年间西藏境内有民户共 222 190 户，以每户 4.5 人计，当有百姓 999 855 人；全藏共有喇嘛 318 731 人，合计僧俗人口为 1 318 586 人。在整个西藏地区，喇嘛占总人口数的比重为 24%。前藏有百姓 121 438 户，同样按每户 4.5 人计算，共有百姓 546 471 人，喇嘛 302 560 人，僧俗人口合计共有 849 031 人。其中，喇嘛占前藏总人口数的比重为 36%。以拉萨郊区的色拉寺和哲蚌寺的人数来说，清代色拉寺为 5 500 人，哲蚌寺为 7 700 人，仅两大寺僧众即达 13 200 人。因市区大昭寺、小昭寺等众多寺庙以及清真寺人数不固定，而且大昭寺有不专设僧侣的传统，供佛的喇嘛是从各大寺调来并时常轮换，这些寺庙的喇嘛即使舍去不计，仅以前藏僧众所占前藏总人口数的比重为 36%为参考（实际上，拉萨市区喇嘛所占人口比重比较高），按照色拉、哲蚌僧众在拉萨市区域范围内所占人口比重为 36%计算，当时拉萨市区民户人口应为 23 467 人。拉萨市区僧、俗人口应为 36 667 人[2]。

据嘉庆年间《嘉庆重修大清一统志》记载：“卫地谙诸：首曰喇萨，在四川打箭泸西北三千四百八十里。本无城。有大庙，土人共传唐文成公主所建，今达赖喇嘛居此，有五千户。”[3]若以每户 4.5 人计算。嘉庆年间的拉萨城市居民为 22 500 人，按僧众占总人口的比重为 36%计算，嘉庆年间的拉萨市区有僧众 12 656 人。故嘉庆年间拉萨市区僧、俗总人口合计为 35 156 人[4]。

综上所述，清代乾隆年间拉萨市区人口约为 3.6 万人，而嘉庆年间约为 3.5 万人。嘉庆年间拉萨市人口比乾隆年间略有下降，但极为接近。以上分析所使用的资料来源于清《西藏志》和《嘉庆重修大清一统志》，而这些资料又是以清朝在西藏清查户口的官员记录为依据，应该是可靠的[5]。

民国时期的记载：“全市人口，除住民二万外，有各大寺之僧侣共四五万人。

1 [清]焦应旂撰.《西藏志》卷二.

2 傅崇兰.拉萨史[M].北京：中国社科院出版社，1994：149.

3 《嘉庆重修大清一统志》，卷五四七《西藏》。

4 傅崇兰.拉萨史[M].北京：中国社科院出版社，1994：149.

5 傅崇兰.拉萨史[M].北京：中国社科院出版社，1994：151.

住民中，藏人最多，汉人在清季有二千，今则廖廖矣；蒙人约一千，尼泊尔人约八百，不丹人约五千。经商者，汉人常有二三千，其中滇人最多，川陕人次之；此外新疆、蒙古及西伯利亚、印度等之商人，亦常住来不绝。”[1]此处的记载为概数。与清嘉庆年间的拉萨人口相比较，居民人口略有减少，而僧侣人口却大幅增加，致使拉萨人口总量呈现出了较大变化，应是僧侣统计不同之故。推算出的清代拉萨僧侣人口，因略去了部分流动僧侣，因而统计数据比实际人口要少许多。倘若把拉萨城内的大昭寺、小昭寺等寺庙的流动僧侣，以及色拉寺、哲蚌寺等僧众计算在内[2]，其数据也大致相当，显示出有规律的历史延续性。

甘丹颇章政权之时，包括拉萨城市人口在内的西藏人口总量一直增长缓慢，几乎陷于停滞状态。究其原因是多方面的。除了生产力发展受到自然环境、地理条件和农奴社会制度的影响之外，清政府对格鲁派的推崇也是主因之一。随着藏传佛教文化的传播，以及格鲁派势力的不断强大，当时大量的社会劳动力，尤其是青壮年男子多流向寺庙，“如一家之中，子女多者，必有一二为僧，女为尼者”[3]。格鲁派又主张严守戒律，禁止僧人娶妻生子，这必然会对大多数信仰该教的藏族人口的数量和质量起着重大的抑制作用。另外，天花、麻疹等温疫疾病的流行也很严重。如《清高宗实录》记载：每逢春季，西藏“各处传染天花，番民惧迁山内”。乾隆二十九年（1764），清廷在西藏、青海藏区推行种牛痘。清驻藏大臣阿尔敏图还在拉萨市建立“劝人种痘碑”。但由于经济社会原因，天花在西藏，特别是在人口集中的拉萨市区一直是难以控制的一大瘟疫。这也在一定程度上削弱了人口的增长速度。

此外，依据《西藏图考》书中所记载前后藏各城的情况，可知当时西藏地方主要的大城有拉萨、曰喀尔公喀尔城、日喀则、季阳则（即今江孜）等。各城的户数均有记载。前藏拉萨“今达赖喇嘛居于此，有五千余户”，而“曰喀尔公喀

1 西藏社会科学院西藏学汉文文献编辑室．西藏地方志资料集成（第一集）[M]. 北京：中国藏学出版社，1999：17.

2 关于拉萨周围的寺院各僧侣人数统计如下：甘丹寺，3 500；色拉寺，5 500；哲蚌寺，7 500 人；甘露寺，500；甘露寺，500；Chenamge，1 000；Chemchung，200；贡德林寺，200；丹吉林寺，200；楚布林寺，300；策墨林寺，1 000. 转引自：[英]克莱门茨·R马克姆．叩响雪域高原的门扉——乔治·波格尔西藏见闻及托马斯·曼宁拉萨之行纪实[M]. 张皓，姚乐野，译．成都：四川民族出版社，2002：91.

3 佚名．西藏记[M]. 转引自：彭英全．西藏宗教概说[M]. 拉萨：西藏人民出版社，1984：122.

尔城在喇萨西南一百四十里，有番民二万余家，为卫地最大之城”。后藏的日喀则和季阳则的居民人口数也同样远大于拉萨，“日喀则城在喇萨西南五百三十三里，其先藏巴汗居此，今属班禅喇嘛，户二万三千余，兵五千三百余。……季阳则城在日喀则城东南一百二十里，户三万余，兵七千五百余。” 由是可推知拉萨虽然是清代西藏地方的权力中心，但并不是当时西藏地方人口规模最大的城市。今日所见拉萨大城，实是西藏民主改革后，拉萨作为西藏自治区的首府而得到重点支持、飞速发展的结果。

## 第三节　文化背景

拉萨地处西藏腹地，受西藏文化的影响至深。从宏观的区域角度阐释西藏文化，可知其包含多层而又宽广的含义，尤其是其开放性与封闭性共存的双重特征成为探讨西藏文化的基本点，正是基于这个看似矛盾，实则蕴含辩证思维的双重特征，西藏文化才得以发展成为世界文化中的一朵奇葩。

西藏文化的开放性是西藏文化不断发展的推动力量。从地理位置来看，西藏地处亚洲腹地，是东亚、南亚和中亚的连接带和枢纽；从文化区域来看，又处于东方文化、南亚文化和中西亚文化相接触、撞击的交汇点上。地理位置的优越使拉萨所属的西藏文化圈自古就有与周边地域文化交流的历史。如藏文史籍《智者喜宴》记载，早在公元7世纪末吐蕃松赞干布时期，吐蕃就“自东方汉土得工艺历算之术，自南方天竺译出佛经，自西方尼婆罗等处启食用宝藏，自北方突厥等处取得法治条规”[1]。由此看来，当时吐蕃受周围诸先进国家的封建社会制度所影响是很明显的。拉萨所属的西藏文化圈从一开始就是一种开放的与周边地域互相依存共同发展的外向型文化，表现在西藏文化的整个发展过程中，不仅与中原地区的黄河长江农业文化、西北地区乃至整个北方地区的草原游牧文化等多种文化产生碰撞，而且吸收来自域外的以波斯和阿拉伯为代表的中亚沙漠绿洲文化，以及以印度、尼泊尔为代表的南亚印度文化等（图2–3），因而西藏文化又具有了若干综合性文化的特征。它对外来文化的认同是一个兼收并蓄的吸收过程，也是一个不断改造融合的过程。在吸收的新文化中不断注入本民族的文化精髓，对外

1 藏文史籍《智者喜筵》。转引自：谢延杰，洛桑群觉.关于西藏边境贸易情况的历史追溯[J].西藏大学学报，1994（09）：48-51.

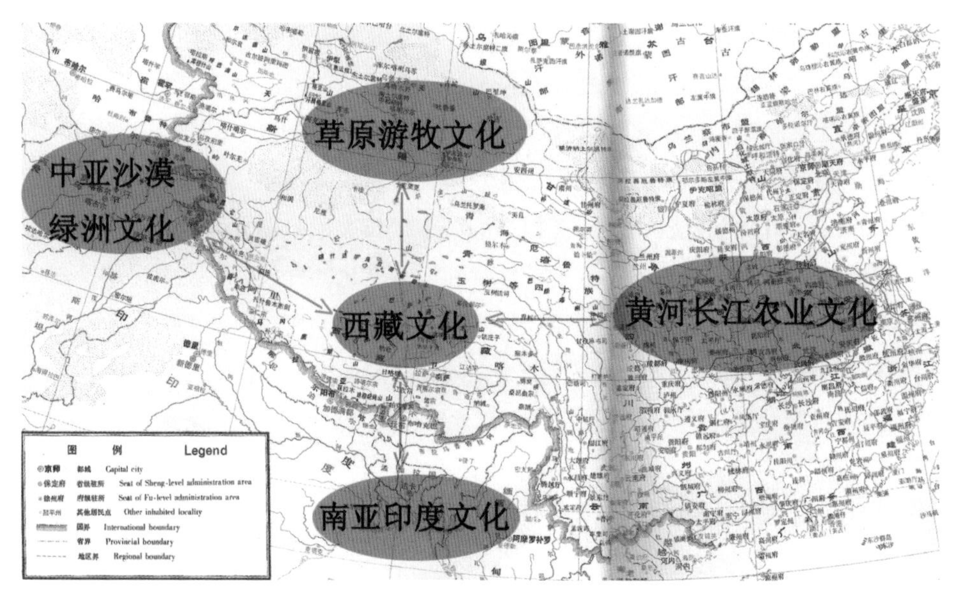


图 2-3　西藏文化与周边文化圈

来文化经过选择和取舍再融入本土文化结构中。因此，西藏文化始终未失去自己的个性而成为独树一帜的高原文化。

西藏文化的封闭性是西藏文化保持自身特色的因素。西藏地处高原，山高谷深，河流纵横，这些自然形成的屏障客观上造成了西藏文化的封闭性特征。西方最早的藏学家约瑟普·杜齐认为："西藏人的整个精神生活是被限于一种永久的防御状态里，总是努力祈求和慰藉他们所畏惧的各种力量。"[1] 这段论述对于整个西藏文化来讲，虽然有失偏颇，忽视了其开放性的一面，但是用于解释西藏文化的封闭性还是颇有道理的。在西藏文化的发展过程中，除了受地理环境因素的影响以外，西藏文化具有封闭性的主要原因还在于长期受到政教合一统治制度的制约。这种政权与教权合一的体制，以及僧官与俗官共管的统治方式，不仅使以藏传佛教为代表的宗教成为主宰政治生活的权力象征，而且使宗教权力渗透到社会生活的各个层面，进而使西藏文化成为体现统治阶级政治意愿的工具。在这种背景下，文化所体现的政治要求和宗教观念，代表了僧俗统治阶级的根本利益，西藏劳动人民创造文化和表现文化的权利在事实上被剥夺，从而使得西藏文化内在的发展活力受到极大的制约，以至于长期处于封闭保守的状态。这种封闭性突出

1 周爱明，袁莎．金钥匙·十七条协议（上、下）[M]．厦门：鹭江出版社，2004:33.

表现在19世纪西方的宗教势力和殖民势力大举进入西藏的年代里，因为受到西方的政治理念和宗教观念的威胁而变得愈加顽固。所以，当时很多西方人士常以中世纪欧洲的黑暗来比喻和描述西藏社会的封闭和藏族文化的保守。

然而在西藏文化的发展过程中，其封闭性表现得并不明显，开放性是其主要特征。西藏文化的封闭性特征，使拉萨的城市生长过程显得极其缓慢，城市风貌特征明显，并且呈现出前后一致的延续性；西藏文化的开放性特征，让拉萨与中原内地，以及南亚、中亚等异域城市的文化交流更加频繁，使城市文化中融入了更多外来文化的基因，并呈现在拉萨城市的物质载体上，具体到拉萨城的建筑兴建、城市格局的变迁等都是西藏文化开放性特质的表征。

## 第四节　社会与宗教

### 1. 市民构成

（1）僧俗贵族

贵族是在社会上拥有政治、经济特权的阶层，藏语习惯称之为“格巴”“米扎”“古扎”[1]。关于西藏贵族的来源，目前研究所得出的比较一致的观点有五种情况：吐蕃王室和大臣的后裔及各地酋长（大奴隶主）的后裔；元、明、清历代中央政府敕封的公爵、土司的后裔；历代达赖喇嘛册封的贵族；班禅额尔德尼德家属和班禅“拉章”[2]所辖的后藏贵族；萨迦法王等呼图克图的家属及其所属官员[3]。

自吐蕃时期至达赖喇嘛执政，西藏贵族的等级结构基本上是垂直的、一脉相承的。按照藏族人的观念赞普、法王、达赖喇嘛及班禅活佛都是普度众生的神，所以他们处在贵族等级阶梯的最高一层，在他们之下，是层层递进和层层隶属于不同等级的贵族官僚以及他们的家庭，从而构成了政治权力内部森严的等级结构。西藏虽然在中央政府的直接管辖之下，但其中还分散着许多大大小小、各自为政的势力，从而又构成了不同的权限范围内的贵族阶层。

西藏的贵族分为僧、俗两部分，步入僧、俗两种官僚等级的道路也有两种：

1 格巴，指拥有土地、百姓的世俗贵族；米扎和古扎，指那些在社会上拥有政治、经济特权的贵族阶层。
2 拉章，藏语，意为活佛居住地。
3 转引自：次仁央宗．试论西藏贵族家庭[J]. 中国藏学，1997（01）：126.

世俗贵族官僚依靠庄园土地，其中主要是依靠所谓的“帕谿”；而僧人贵族则要靠封爵晋官。在僧俗贵族内部并存着几种不同的类型。其中大的贵族种类有三种：达赖喇嘛统管的“第巴雄”[1]所属贵族；班禅喇嘛统管的“拉章”所属贵族；萨迦“达钦”[2]统管的贵族以及地方性的小贵族们。无论是僧是俗，也无论是达赖喇嘛统管的贵族阶层，还是班禅或者萨迦所属贵族阶层，有一点是明确的，那就是他们都是当时西藏社会中拥有特权和世袭继承权的阶层，垄断了其生活时代的一切政治、经济和宗教权力。

（2）藏族平民

藏族的普通平民无疑在拉萨居民中所占的比重最大，不仅包括拉萨本地的藏族平民，也包括众多前来朝佛后选择定居拉萨的藏族平民。

拉萨藏民崇信吉祥天女女神，平时供奉于大昭寺，有怒像和静像之分，藏语分别称为“班丹拉姆”和“白拉姆”。她是拉萨圣城的主要守护神，是妇女和儿童命运的依怙。每年藏历十月十五日，是专门祭祀和娱乐吉祥天女的节日。为此，拉萨的妇女们组成了专门的祭祀团体，称为“白苏玛吉朵”，意思是祭祀白拉姆的妇女会，并推选两位妇女作为领头人，负责相关的祭祀事宜。

（3）汉族

汉族是拉萨市民阶层的有机组成部分。其在拉萨定居的历史颇为悠久，从吐蕃时期先后随文成公主、金城公主入藏的唐代之人开始，汉地入藏生活居住之人就未曾间断过。发展至甘丹颇章政权时期，随着清军驻兵西藏以及驻藏大臣衙门的设立等，来拉萨的汉族人员又有所增多。据民国时期的地方志载：“汉人大都居于城市，多由清代移往者，多以任官吏、士兵及经营工商业为主要职业，且多与藏人婚媾。”[3]由是可知汉族在拉萨的生活中具有举足轻重的地位。

与内地设置会馆的习俗相同，在拉萨的汉族居民也成立了同乡会。此外，在拉萨的汉裔大都信奉藏传佛教，不过也保留了汉民族的传统风俗习惯，除了过汉族的传统节日之外，也保留了汉族自己特有的宗教场所。例如到城西的关帝庙祭拜关帝，到城北的扎吉拉姆女神庙祭祀乡土神、守护神，清明之时到拉萨东北的

1 第巴雄，藏语，意为官府、公。

2 达钦，藏语，意为法王。

3 西藏社会科学院西藏学汉文文献编辑室．西藏地方志资料集成（第一集）[M]．北京：中国藏学出版社，1999：41.

庄热乡汉裔墓地祭拜先人等。

汉族在拉萨从商之人较多。常在拉萨设立商号，其后代也多有在拉萨定居者。北京、河北商人主要经营绸缎、瓷器、珠宝、工艺品，云南商人主要经营茶叶、红糖，青海商人主要做骡马、枪械、白酒、毛皮生意。

（4）穆斯林

拉萨的穆斯林居民主要聚居在两处。一是聚居在八廓街周围的，成为克什米尔穆斯林社区，其居民大都来自克什米尔，藏族人称之为“拉达卡基”；一是聚居在城东河坝林街区的，称为汉地穆斯林社区，其居民大都来自甘、青、川、陕等地，藏族人称之为“甲卡基”。

在拉萨的穆斯林有着自己的组织形式，其组织形式类似于内地的社区。有一类似于委员会的组织为社区服务，委员会中共有八人，分别负责管理钱粮、房屋、仓库、差税等公务，由最高的管理者“乡约”统一管理。拉萨穆斯林的主要职业是经商，经营布匹及各种用品，也买卖金银等。他们非常信守伊斯兰教的教义，每日要做五次礼拜，每逢主麻日（星期五），清真寺的大殿人潮涌动。可以说拉萨清真寺为所有定居或旅居在拉萨市内的伊斯兰教信仰者提供了自由而宽松的过宗教生活的场所。到了忠孝节、开斋节等伊斯兰教庆典，拉萨的穆斯林都要休息庆贺，所以每逢节日之时，拉萨的穆斯林商店摊头都会停业[1]。

（5）尼泊尔

尼泊尔与西藏之间的经济文化交流历史可谓悠久。公元7世纪的吐蕃王朝时期，尼泊尔墀尊公主入藏以后，曾倡建了大昭寺、红山宫殿等著名建筑，当时从尼泊尔招来了大批的工匠参与了拉萨城的建设。其后，屡有尼泊尔工匠参与西藏地方建设。至甘丹颇章政权之时，布达拉宫得以重新修建，并扩大了规模，尼泊尔也派来了工匠予以帮助。“康熙皇帝专门派遣来帮助建设的汉族工匠一百一十四人……尼泊尔工匠一百九十人。”[2]这一时期，来自尼泊尔的工匠，以及前来经商之人数目多有增加。

早期来到拉萨的尼泊尔人多为工匠、手艺人，通常从事绘制唐卡、壁画，制

1 房建昌．西藏的回族及其清真寺考略——兼论伊斯兰教在西藏的传播及其影响[J]．西藏研究，1988(04)：102-114.

2 布达拉宫志汇编．转引自：恰白·次旦平措，诺章·吴坚，平措次任．西藏通史——松石宝串[M]．第2版．陈庆英，格桑益西，何宗英，等译．拉萨：西藏古籍出版社，2004：696.

作神灵佛像、金银首饰等职业，其后来自尼泊尔的居民多以经商为业。

拉萨的尼泊尔侨民有自己的组织“巴拉”，并有类似汉族会馆的处所。“巴拉”的主要职责是维护拉萨尼泊尔商人的利益，调解内部纠纷，聚集族人过传统节日等。拉萨的尼泊尔侨民大都信奉藏传佛教，也有信印度教的，其参拜之神是大自在天。拉萨西郊东嘎地方的协嘎日山和阿玛孜姆上，是他们崇信的神山。

**2. 宗教流派**

甘丹颇章政权时期，曾有多种宗教流派出现在拉萨城内，大致包括西藏本土宗教苯教、藏传佛教、伊斯兰教和天主教等。其中又以藏传佛教文化为主，苯教和伊斯兰教为辅，天主教在拉萨出现历时之短使其不足称道。

（1）苯教

苯教是西藏的土著宗教，其发源可以追溯到距今大约 2 500 年前。在雅隆河谷的鹘提悉补野王系出现之前，以古格为中心的象雄地区已形成一个强大的象雄部落联盟——象雄邦国。古象雄在苯教祖师辛饶米保时经历了“十八王”时期，产生了独具一格的象雄文明，孕育出了苯教文化，进而传播至西藏高原各地。

苯教吸收了许多原始信仰的文化形式。原始信仰是以万物有灵、大自然崇拜为特征的。苯教在吸收的基础上加以发展，形成了以祭祀禳祓、鬼神仪轨为特点的苯教文化。它与原始信仰一起共同构成了西藏宗教文化的基础。西藏从信仰泛神论进入信仰有浅显教义的统一的苯教，这是西藏文化发展的一个重要里程碑。

公元 7 世纪之时佛教传入西藏，但遭到苯教势力的顽强抵抗。在这场苯教与佛教的抗争过程中，虽然苯教基本上臣服于佛教，但是却成了藏传佛教的根底和土壤，苯教的原旨和基本面貌在被佛教作了大幅度的改造后纳入其体系。从文化积淀和发展的角度看，藏传佛教并没有放弃苯教的基本仪式和基本观念，而苯教文化系统中又较多地保存了原始信仰文化。它在后期佛苯斗争中吸收了许多佛教文化的内容，发展至甘丹颇章政权之时，依然具有旺盛的生命力，影响着包括拉萨在内的西藏居民的生活和城市的发展。

（2）藏传佛教

藏传佛教是西藏地方特有的宗教流派。佛教在公元 7 世纪之时从印度、尼泊尔和中原唐朝传入西藏，在经过漫长的斗争和融合过程之后，最终成为带有强烈本土特色的藏传佛教。其基本命题如人生唯苦、四大皆空、生死轮回、因果报应等理论与佛教哲学一致，可以说是佛教和西藏历史文化长期融合所形成的一种特殊的文化意识形态。

藏传佛教在西藏的发展大致经过三个发展阶段：一是初创时期（大约在 7—9 世纪之间），即佛教传入吐蕃与苯教发生冲突和对峙的时期。二是门派形成时期（11—15 世纪）。吐蕃王朝解体以后，西藏一直处于分裂割据状态，长期混战，互不统属。各割据政权为寻求自身的生存和发展，多利用、尊奉佛教，使藏传佛教得到了长足的发展。在藏传佛教内部，因传承的不同和某些修持方法上的差异而形成众多教派，其中主要有宁玛派（红教）、噶举派（白教）、萨迎派（花教）、格鲁派（黄教）和噶当、觉囊、希解、觉宇等派。三是格鲁派全盛及政教合一时期。这段时期以达赖、班禅两大活佛系统的形成为标志。至政教合一的甘丹颇章政权之时，以格鲁派为代表的藏传佛教文化得到迅猛的发展，最终以压倒一切之势，渗入西藏社会的各个领域、各个层面，成为居于统治地位的意识形态和藏族文化的核心。拉萨作为以格鲁派为代表的政教合一政权的首府，藏传佛教文化对其城市发展所带来的巨大影响毋庸置疑。

（3）伊斯兰教

伊斯兰教传入西藏的历史比较悠久。最早可追溯至吐蕃王朝时期，随着吐蕃军事力量向西方及西北方的扩张，在原有商贸往来的基础上，吐蕃开始同信仰伊斯兰教的大食军队有了征战往来。据《资治通鉴》记载：开元五年，“大食、吐蕃谋取（安西）四镇”。类似吐蕃与大食的军事联合的记载颇多，这使大食伊斯兰使者频繁往来于吐蕃，算是最早进入吐蕃的穆斯林，但主要以军人为主，他们参与了吐蕃的军事行动，还驻扎在吐蕃的险要之地。至 14 世纪，伊斯兰教首次从克什米尔传入西藏。当时在西藏的穆斯林形成了一个较强大的宗教社团，并且穆斯林从此开始在西藏安家落户。

至甘丹颇章政权时期，以格鲁派为主的藏传佛教在西藏发展到了极盛阶段，这在一定程度上限制了伊斯兰教在西藏的广泛传播，也阻止了当时来自拉达克方向的伊斯兰教的扩展。但是穆斯林还可以在拉萨等地经商及从事其他行业。更有史料记载：每三年有一个穆斯林使团带着贡品从克什米尔来给拉萨当政上贡，以表明他们仍是承认西藏权威的[1]。这说明伊斯兰教虽然在西藏拉萨等地得以继续存在，但其传播还是受到了诸多限制，它对拉萨城市的发展影响较弱。

（4）天主教

天主教是基督教的主要宗派之一，其教义教规主要包括天主创世说、原罪说、救赎说、忍耐顺从说和三位一体说等。天主教曾在西藏拉萨坎坷地传播过一段极短的时间，但最终未能扎根生长。它对西藏城市发展的影响微乎其微。

天主教传教士最早在西藏出现是在 1661 年，有两名耶稣会士格鲁贝和道维尔从北京前往印度，途经拉萨。他们此行虽然没有得到传教的结果，但却引起了西方国家的广泛重视，因为这是一条由内陆经西藏到印度的途径。从 1708 年开始陆续有 40 多位天主教修道士来到拉萨传教，并于 1721 年在拉萨城郊建立了天主教堂。据《发现西藏》一书中的记载，此教堂位于拉萨城郊，但是具体的位置已无处寻觅[2]。

天主教的传教事业极不景气，受到了来自拉萨僧俗群众的抵制。一方面，由于传教士本身的传教活动具有一定的局限性，其目标总是在上层人士身上，因而缺乏一定的群众基础。加之传教士又不断抨击藏传佛教的理论和习俗，严重损害了佛教僧人的利益。甚至曾出现部分上层僧人乘 1725 年拉萨河泛滥之机煽惑群众，掀起捣毁教堂和僧馆建筑以及驱赶传教士的运动[3]。另一方面，也是最根本的原因，即拉萨是藏传佛教文化的中心，人民群众受藏传佛教文化影响已根深蒂固，接受反映西方文化的天主教在思想上是有障碍的。天主教在拉萨断断续续地艰难地传播了 30 多年，最终还是以 1745 年 4 月传教士撤离西藏而告终[4]。

**3. 宗教节日**

藏民族的许多传统节日多与藏传佛教文化有着紧密的联系。或因藏传佛教弘传的事件而演化形成，或因纪念某些佛教人物而开始，亦有传统节日因借藏传佛教的文化寓意而焕发生机。拉萨作为藏传佛教格鲁派的中心，受格鲁派教法的影

---

1 房建昌．西藏的回族及其清真寺考略——兼论伊斯兰教在西藏的传播及其影响[J]．西藏研究，1988（04）：107； 参见：以色列利（Israeli R.）．穆斯林在中国[M]．伦敦，1980：13-14.

2 ［瑞士］米歇尔·泰勒．发现西藏[M]．耿昇，译．北京：中国藏学出版社，2005：56.

“于是，佩纳关闭了拉萨传教区，同时也关闭了他们建筑于城郊的小教堂，并将其教友以及他们归化的一些土著人一直护送到尼泊尔。”

3 伍昆明．早期传教士进藏活动史[M]．北京：中国藏学出版社，1992：424.

4 王永红．略论天主教在西藏的早期活动[J]．西藏研究，1989（03）．

响最为显著，因之而成的节日也较别处为多，并逐渐成为传统，进而辐射到周边区域。

（1）拉萨传召大法会

拉萨传召大法会又称“拉萨祈愿大法会”“默朗钦波祈愿会大法会”，它是格鲁派的宗喀巴大师[1]于1409年创立的，每年都举行，期间虽有短暂中断，但终成惯例，其存在可以说是与格鲁派地位的稳固休戚相关的。发展至五世达赖喇嘛时期，规模更大，参加人数更多，时间也由最初的十五天延长到二十四天。每年从藏历正月初四开始，至藏历正月二十五日结束。法会期间通过一系列的宗教活动和宗教仪式，达到弘扬佛法、普度众生之效。

（2）萨嘎达瓦节

每年藏历四月即为萨嘎达瓦，为佛释迦牟尼出生、圆寂的月份。据说佛祖释迦牟尼曾言：“此日行一善事，有行万善之功德。”因此，在此月内，信徒们不杀生不吃肉，专意朝佛供佛，有的还会闭斋修行，围绕大昭寺转经磕长头的人数也急剧增加。

（3）五供节

格鲁派的创始人是宗喀巴大师，其一生为弘扬佛法而勤勉努力，其在藏传佛教文化圈中的影响至今不衰[2]。十月二十五日为宗喀巴忌辰，当天晚上格鲁派寺院和拉萨民户要点许多酥油灯供奉，称“五供节”。

宗喀巴去世后的第二年起，甘丹寺每年在藏历十月二十五日那天举行燃灯供祭法事，以纪念师祖。各地格鲁派寺庙相续效仿，在这一天举行大型法事活动，点燃无数盏酥油灯，信徒向寺庙敬献供品，晚上在自家屋和窗台上通宵燃灯供佛。这一天晚上，藏族人们喜欢来到八廓街，一边转经，一边欣赏家家户户在窗外点起的一盏盏酥油灯。民间还有“甘丹安却在屋顶，爬都面在锅底”的说法，意思是酥油灯供奉在屋顶，而爬都面却在锅底。从此，也形成了在当天晚上家家吃“爬都”面的习俗，以示悼念。人们借助节日活动，寄托自己对伟大的藏传佛教创始

1 1409年，宗喀巴大师在拉萨开始举行祈愿大法会，第悉桑结嘉措所著《格鲁派教法史——黄琉璃宝鉴》一书被誉为宗喀巴大师的四大业绩之一。格鲁派由此正式出现在藏传佛教发展的历史舞台，宗喀巴本人也被誉为格鲁派的创始人。

2 恰白·次旦平措，诺章·吴坚，平措次任．西藏通史——松石宝串[M]．第2版．陈庆英，格桑益西，何宗英，等译．拉萨：西藏古籍出版社，2004：533.

人宗喀巴的崇敬之情。

（4）雪顿节

亦称酪宴节或藏戏节，在拉萨每年藏历七月一日开始，由各地藏戏团在哲蚌寺会演。初一至初四，在罗布林卡演出传统藏戏节目，初五至初六、初七日到拉萨各大贵族家中演出。夏末秋初的七月，正是藏区盛产乳酪的季节，人们常以乳酪待客斋僧，故名酪宴节。

（5）沐浴节

《西藏志》载："七月十三日，其俗各将凉棚账房下于河沿，遍延亲友。不分男女，同浴于河，至八月初日始罢。云：七月浴之则去疾病。"沐浴节的由来与佛教文化也有关系。佛典中有所谓"八功德水"之说，云其具有：一甘、二凉、三软、四轻、五清净、六不臭、七饮时不损喉、八饮不伤腰等八种优美品质的水。西藏拉萨一带认为秋初的河水具有这种性质。故而在秋初到拉萨河中洗浴身体，后发展成拉萨沐浴节。

# 第三章　拉萨官署建筑

第一节　政教合一的官署建筑

第二节　普通官署建筑

第三节　扎什城

在西藏政教合一的制度下，世俗与宗教两者的不可分割性，使容纳其政治活动的物质载体——官署建筑也不同程度地呈现出了两面性。它们不仅是政府机构，具有政治性；同时也成为寺院建筑，具有宗教性。本章所讨论的官署建筑既有纯粹意义上的官署建筑，也有两种功能兼具的特殊的官署建筑。甘丹颇章政权的各级官署主要分布在布达拉宫及其山下雪村、大昭寺及其周边八廓街区域。此外，罗布林卡建成后，达赖喇嘛夏季也常住罗布林卡，因而在罗布林卡内也设有为官署机构服务的建筑，在厦旦拉康（祝寿殿）的西侧，有噶厦政府的办公室、会议室，还有“议仓”（主管寺院事宜）的办公室和会议室，建筑水平一般。然以其时间上的特殊性，本章中并不作为重点阐述。另有代表清朝中央政府的驻藏大臣衙门和清朝驻军的扎什城等，在当时社会中占有非常显赫的地位，作为清朝中央政府的派出机构，书中也一并进行探讨。

## 第一节　政教合一的官署建筑

### 1. 布达拉宫

位于拉萨玛布日山上的布达拉宫，始建于公元 1645 年（清顺治二年），总建筑面积约为 13.8 万平方米，高约 110 米，东西长 360 余米，南北长 200 余米。布达拉宫主要由五世达赖喇嘛主持修建的白宫和由第悉桑结嘉措主持修建的红宫组成。在红宫前面及右前方山坡上是朗杰扎仓和僧舍，是布达拉宫内的宗教建筑。主体建筑与其周围四大堡垒及一些附属建筑，共同组成一组规模庞大的宫堡建筑群，是集藏族建筑技术、艺术之大成者（图 3-1、图 3-2）。

图 3-1　布达拉宫

从政教合一的政权体系角度考察，布达拉宫呈现出了两面性。其一，它不仅是五世达赖喇嘛及其以后历辈达赖喇嘛居住的地方，也是其从事教法活动的场所，其性质属于寺庙；其二，布达拉宫也是达赖喇嘛进行政治活动的场所，其性质属于官署建筑。学界也常称其为宫殿，盖因达赖喇嘛为西藏地方政权的政教首领之故。

图 3-2 20 世纪中叶的布达拉宫

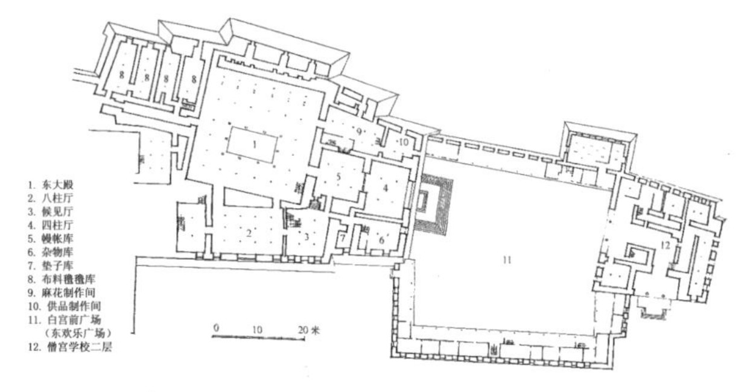

图 3-3 布达拉宫白宫四层平面

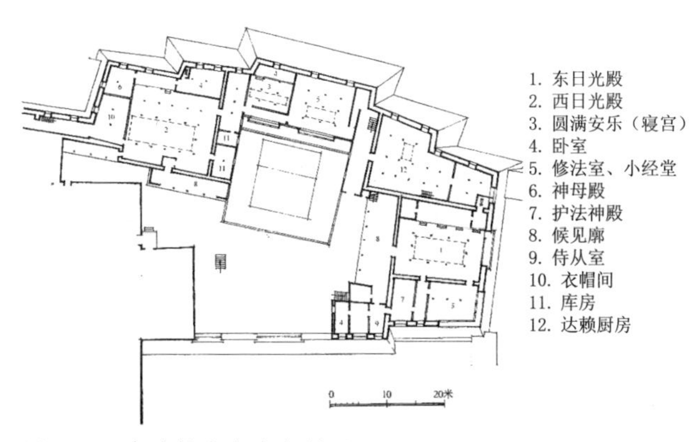

图 3-4 布达拉宫白宫七层平面

首先兴建的白宫主要是达赖喇嘛起居生活的寝宫，以及处理政教事务的场所，包括各种办事、侍从人员用房及各种库房。白宫共七层，一至三层为基础部分，第四层主要为东大殿（措钦厦），44 柱[1]面积，是白宫最大的宫殿（图 3–3）。第五、六层为政府的宫内管理办公用房、摄政、经师及侍从人员用房。顶层有两套达赖喇嘛的寝宫——东日光殿（尼悦索朗列吉）和西日光殿（甘丹朗色），以

1 柱，是藏式传统建筑的一种计量方法。以柱子的数量来计量面积，表达房间和建筑。

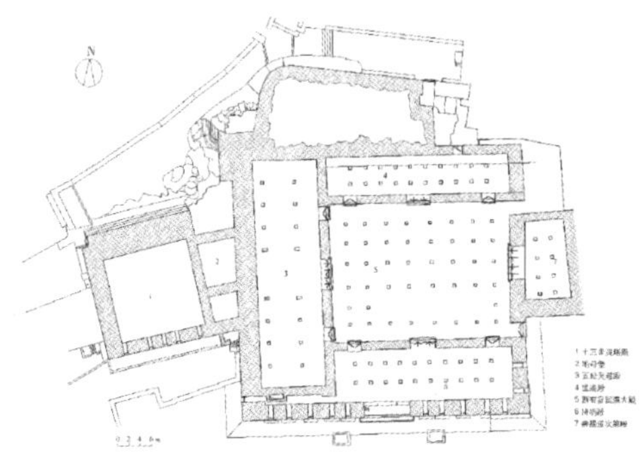

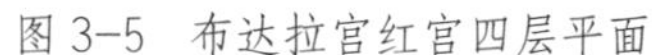
图 3-5　布达拉宫红宫四层平面

图 3-6　布达拉宫红宫的金顶

及宽敞的屋顶平台（图 3-4）。

红宫是已故达赖喇嘛的陵寝及宗教活动中心，包括达赖喇嘛的灵塔殿和各类佛堂。红宫第五层主要为西大殿（司西平措、措钦鲁），48 柱面积，约为 680 平方米，是红宫中最大的殿堂（图 3-5）。西大殿顶上为天井，于其四周建第六、七、八层面向天井有外廊的建筑作为佛殿；在第五层的五世达赖喇嘛灵塔殿上建金顶，后部北面又建第九层，上建七世、八世及九世达赖喇嘛灵塔殿及金顶。红宫上有大小金顶七座（图 3-6）。十三世达赖喇嘛的灵塔殿（格来顿觉）位于红宫主体建筑的最西面，完工于 1936 年，是红宫最晚建成的建筑。

此外，布达拉宫内还保存有吐蕃时期的建筑两处，分别是曲结哲布（法王洞、法王禅定宫）和位于其上方的帕巴拉康。帕巴拉康内主供帕巴·洛桑夏然佛[1]，是五世达赖静坐修法的殿堂。

布达拉宫的红宫和白宫均建在地势并不平坦的山顶，采用包山而建的方法建造，并随楼层上升而室内空间加大。平面布局则采用院落式。在主体建筑前设有一庭院，庭院周围有较低的建筑围绕。如白宫主楼高七层，东向，楼前宽阔的广场为东欢乐广场（又称德阳厦广场），用于布达拉宫内重大的宗教演出；广场南北为二层围廊，东面二层为僧官学校，底层为进入白宫广场的门道。红宫主楼高九层，南向，楼前有进深不大，东西向较宽的庭院，名西欢乐广场。周围有底层建筑围绕而形成一个封闭的院落；院西有大门可通往西面的僧舍，向东可下山；院东有过道通进出红宫的“解脱门”。

布达拉宫的建筑或从山体上直接砌筑，或在崖边砌筑高墙，四面各建有一堡

1　帕巴·洛桑夏然佛：传为松赞干布的本尊佛像，亦即布达拉宫的主要供佛。

垒，分别是东圆堡、西圆堡、玉阶窖、后圆堡，特别是东、西两端的圆形碉堡，墙上还设有放置弩箭及射击的枪眼。山上仅有几处道路可通达，易守难攻。在南面山下砌筑城墙，东、西两侧的城墙北端与山体及高处的山体建筑相连，城墙高大，上可行人。东、西、南三面城墙中部设有城楼，东南角与西南角设有角楼。城楼和角楼的内部空间迂回，进入城门后需要几经转弯，方可进入布达拉宫雪村内。而且在入门前过道的屋顶上有镂空，可向下射箭投石。这种做法起到了类似于内地古城瓮城的作用，对防守有利。准噶尔侵藏战争之后，清军拆除了拉萨八廓街区域的城墙，使这一区域由内敛式的空间变成了开敞式的空间，而布达拉宫的城墙仍然保留了下来，成为布达拉宫最为重要的一道防御体系。

**2. 大昭寺**

大昭寺，藏语名为热萨楚朗，汉译为逻些显幻神殿，藏语简称觉康[1]，位于拉萨八廓街区域的中心。大昭寺始建于公元 7 世纪中吐蕃王朝时期，是松赞干布为扶持佛教传播而最早兴建的佛殿之一。依据藏文史书《贤者喜宴》《王统世系明鉴》等的记载，在大昭寺、小昭寺等吐蕃早期寺庙的建造过程中，曾请文成公主勘察地形，设法镇伏恶鬼。故言这些早期寺庙的建造思想与后世所建的佛教寺院有所不同，它们更多地体现了内地自古相传的堪舆之说，以及苯教的思想观念。

大昭寺在吐蕃末期禁佛之时，曾遭关闭、毁坏，佛教后弘期以来一直得到各地方势力、各教派的不断供养和修缮扩建。特别是格鲁派的创始人宗喀巴大师于 15 世纪之时在大昭寺发起传召大法会，召集全藏的上万僧众在此弘扬佛法。大昭寺的性质遂从最初为王室服务的神殿，转换为全藏的宗教圣地，拉萨也因而成为全藏僧俗心目中所归依的宗教圣城。

图 3-7　大昭寺

甘丹颇章政权建立后，第悉管理西藏地方政治事务的办公地点就设在大昭寺，中期成立的噶

1 觉康：觉是尊者，是释迦的代称；康是房、殿堂。觉康即是供奉释迦之殿堂。

厦的政府机构仍设在大昭寺。大昭寺，不再是单纯意义上的寺院，也是政府驻地，这正是西藏政教合一社会制度的缩影（图 3–7）。

今日所存之大昭寺，总面积约为 25 000 平方米，建筑坐东向西，由主殿、前院和南院组成，是一组规模较大的建筑群。大门、前院和主殿位于同一轴线上，前院以千佛廊院为中心，院西的大门和南面的建筑均为二层，北面为三层。底层廊院南北两侧的建筑均为库房；二层南面和大门的上部为佛堂，西南隅是下拉章（即班禅和摄政王公署），北面是西藏地方政府的财政局及其库房（藏语称拉恰列空）；第三层仅北侧有建筑，即为上拉章（即达赖公署）。

后部主体建筑平面近似方形，在其东西两侧的中间部位各有凸出中心的殿堂，高四层，原为内有天井的围廊式建筑，后加建了屋顶而成为室内，仅在靠前部的中央还保留有不大的天井。入口在底层西面，东面中央是供奉释迦牟尼的主殿，其余三面的小室均为佛堂，内供佛像。二层的布局与底层相同。第三层佛堂的数量减少，南、北、西三面分别是慈尊四亲殿、千手观音殿和松赞干布殿。第四层仅在四角各建有一座不大的方形神殿。主殿上建有金顶，其中东面释迦牟尼佛堂上的金顶最大，其余三面的中央也分别建有一座歇山式金顶，其余为屋顶平台，但在其外檐也绕有一圈金顶屋檐。

中心殿堂外绕有一圈回廊，即为囊廓转经道。中隔不宽的天井，之外是一圈带有前廊的二层建筑，分布在其东、南、北三面。底层南北两面建筑为佛堂，东面是仓库和灶房。二层南面是西藏地方政府噶厦的办公地点及噶厦的文件库，北面是西藏地方政府的社会调查局（德细列空）、地粮调查局（报细列空）和法院、检查、审讯处（协尔康列空），东面是公款稽核局（细康列空）和核算班禅系统之外的全藏财政收支的机关和负责贵族出身的俗官的培养、任免和调遣管理（孜康）等一系列政府管理机构用房。

南院建筑三层，底层西面是入口，南面是库房和灶房，二层为大昭寺管理机构（拉业列空），三层是西藏地方政府的盐茶税务局（甲察列空）、外事局（期捷屯觉列空）和传召基金管理处（特不加列空）等（图 3–8）。

在不少藏文史籍中记载了大昭寺的建造、维修和扩建历史，现有的大昭寺遗存对此也多有反映。依据宿白先生的归纳总结可大致将其历史分为四个阶段：第一阶段是吐蕃时期；第二阶段为公元 11 至 14 世纪，即后弘期开始之萨迦政权时期；第三阶段为公元 14 至 17 世纪，即帕竹地方政权时期；第四阶段为 17 世

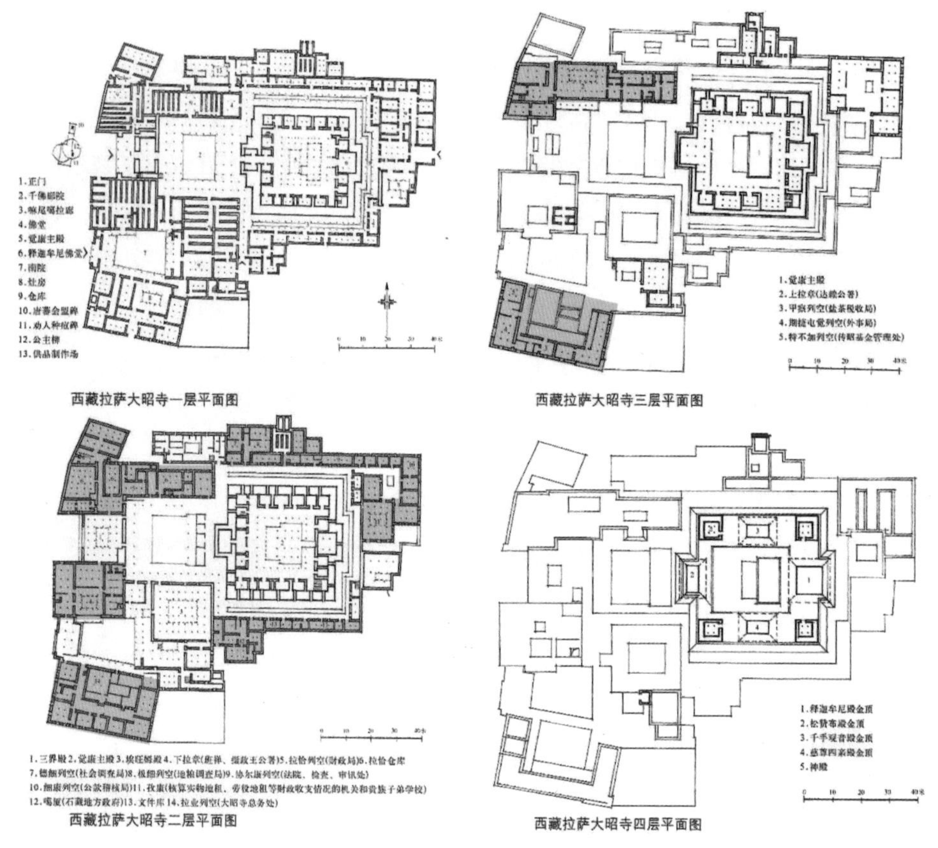


图 3-8　大昭寺各层平面

纪中期五世达赖喇嘛被尊为西藏宗教领袖后[1]。各个阶段的建置情况均有较为详细的叙述，故而书中不再赘述。

## 第二节　普通官署建筑

### 1. 驻藏大臣衙门

驻藏大臣是清朝中央派驻西藏地方的重要大臣。设置时间开始于 1727 年 1 月（雍正五年正月），以副都统马喇及内阁侍读学士僧格入藏办事为标志，至 1911 年止，前后共计 185 年的时间。清廷先后共派遣正副驻藏大臣 132 人（其中

1 宿白．藏传佛教寺院考古[M]．北京：文物出版社，1996：1-23.

未到任 18 人，实际到任 114 人）[1]。其设置目的大致有三点：一是安辑藏政，严防准噶尔部侵扰西藏地方；二是充分行使主权，巩固西南边陲，以达长治久安之目的；三是保护黄教，提高达赖、班禅地位，“兴黄教即所以安众蒙古”。

按照《钦定藏内善后章程》的规定，驻藏大臣办理西藏地方事务，其地位与达赖和班禅平等。然而在实际运作中，由于达赖和班禅两位活佛均系出家之人，加之驻藏大臣握有西藏地方的军事、财政和外交大权，并负责向皇帝转奏达赖、班禅的奏折，下传皇帝旨意，因此驻藏大臣已经成为事实上的西藏地方的最高行政长官[2]。《卫藏通志》卷九《镇抚》按语谓“卫藏事务，向由商上自行经理，自乾隆五十七年（1792）钦定章程，一切大小事件，同归驻藏大臣办理，责任綦重”[3]，反映的就是这一重大转变。

驻藏大臣衙门是代表中央行驶地方管理权的派出机关，是中央权力的象征。故本书中将其列为高级官署建筑一类予以探讨。然而因西藏社会的变乱，以及国家时局的变迁，驻藏大臣衙门也几经搬迁。据史料考据可知前后共有 5 处驻藏大臣衙门，其中有新建的衙署，也有延用老建筑的衙署。惜今多已不存，或仅剩部分遗迹。驻藏大臣衙门的存在，在一定程度上影响着拉萨的城市空间格局，书中将根据文献资料和实地考察对 5 处衙署进行考证。

（1）通司岗衙门

通司岗，为“冲赛康”的音变。《西藏图考》又称为“宠斯冈”，书中记载：“宠斯冈在西藏堡内大街，昔为达赖喇嘛游玩之所，今为驻防衙署。”依据实际调研亦可知，今大昭寺东北方向的八廓街北边的冲赛康（Tromsikhang），即为昔日通司岗衙门所在之地。通司岗衙门始建于六世达赖喇嘛执政时期，是一处典型的藏式传统建筑，其功能主要是行政办公兼有居住功能。六世达赖仓央嘉措和拉桑王曾住在此处，后来米旺颇拉把冲赛康赠予驻藏大臣为驻地[4]。这里地处八廓街区域的中心，紧临大昭寺，当时的其他官署建筑也多聚集在这一区域，办事比较便利。但是通司岗用做驻藏大臣衙署的时间比较短，从清朝正式设立驻藏大臣的 1727 年起，到 1750 年发生珠尔墨持那木扎勒叛乱事件被焚毁，仅存 23 年的时间。

1 曾国庆．清代藏史研究 [M]. 拉萨：西藏人民出版社，1999：1，3-5.

2 《法国汉学》丛书编辑委员会．边臣与疆吏 [M]. 北京：中华书局，2007：168-189.

3 《卫藏通志》卷九《镇抚》，315 页。

4 汪永平．拉萨建筑文化遗产 [M]. 南京：东南大学出版社，2005：30.

《双忠祠碑记》中记载了通司岗衙门被毁及新建双忠祠之事："双忠祠在前藏大招东北方向，为驻藏大臣行署。珠尔墨持那木扎勒之难，驻藏大臣傅公、拉公死焉，署亦毁于火。番民感二公之忠烈，因其址请立祠肖像以杞。盖以二公之大有造于卫藏也。"[1]乾隆十五年（1750），珠尔墨持那木扎勒策划谋反，驻藏大臣傅清、拉布敦认为"珠尔墨持那木扎勒且叛，徒为所屠。乱既成，王军不得即进，是弃西藏也。不如先发，虽亦死，乱乃易定"[2]。于是召珠尔墨持那木扎勒至通司岗驻藏大臣衙署，并杀之，然傅清、拉布敦也遇害。此次事件死伤惨重，库房被抢劫一空，通司岗衙门被烧毁。幸存兵丁八十余人，同一百二十名百姓一起到布达拉宫暂住。清高宗对傅清、拉布敦的做法极为赏识，先在北京崇文门内为傅清、拉布敦建立"双忠祠"，合祀二人，春秋致祭。乾隆十六年（1751）四月又诏命在拉萨通司岗傅清、拉布敦遇难处设立"双忠祠"。其时，"藏番追念两公遗泽，岁时奔走，香火不绝"[3]。

乾隆五十八年（1793），大学士福康安奉命统帅大军进藏征剿侵扰西藏的廓尔喀军队，来到拉萨拜谒双忠祠。此时四十余年已过，见双忠祠"堂庑垣塘，间有倾圮。爰于班师之日葺而新之"[4]。随进行修葺，并写下了《双忠祠碑记》，以作纪念。双忠祠石碑至今仍保留在冲赛康大门走廊两侧的墙壁上，共有五块石碑，碑文为汉满两种文字。20世纪初，双忠祠始被用做邮政用房，藏语称"扎康"。其后，又先后用做噶厦政府警察局住所、尼泊尔商人住所，以及冲赛康皮革合作社库房等。

冲赛康，坐北朝南，整座建筑群大致中轴对称，规模约为60米×40米，推测最初可能为一座由建筑围合的庭院式建筑。1997年冲赛康大院进行拆旧新建，只保留了沿街立面。1998年，在原建筑立面的后面建造了一座四层住宅公寓以取代原来建筑的一部分和院落区域，将冲赛康建成了一座现代化的居住院落。现在的冲赛康面向八廓街的建筑，首层为商店，二层是居住单元。留存下来的主立面，比例和谐完美，大致均衡对称，有很精致的建筑艺术韵味（图3–9）。

1 西藏自治区文物管理委员会．拉萨文物志[G]（内部资料），1985：126.
2 《清史稿》。
3 西藏自治区文物管理委员会．拉萨文物志[G]（内部资料），1985：126.
4 西藏自治区文物管理委员会．拉萨文物志[G]（内部资料），1985：126.

（2）甘丹康萨衙门

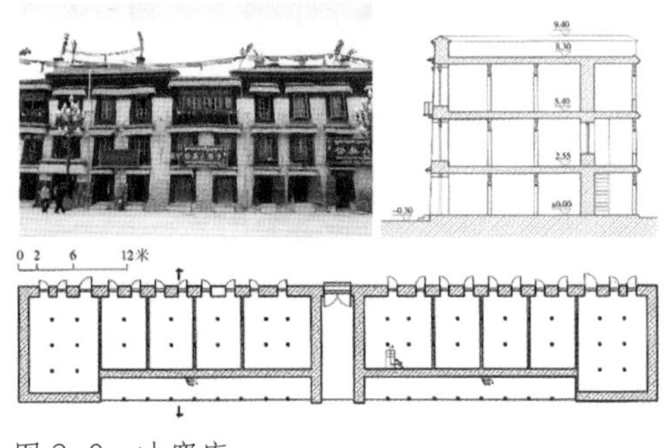
图 3-9　冲赛康

甘丹康萨衙门在大昭寺以北里许，小昭寺西南角附近。始建于藏巴汗时期（1617—1642）。先为拉萨地方首领顿珠结布的庄园，后赠予五世达赖。甘丹颇章政权建立以后，又转赠给蒙古和硕特部首领固始汗，经扩建整修成为藏王府。18世纪前半叶，郡王颇罗鼐居住于此。之后，其子珠尔墨持那木扎勒袭封，仍居于此。乾隆十五年（1750），珠尔墨持那木扎勒谋逆被诛，房屋没收充官。当时暂理西藏事务的班第达私自住进了珠尔墨持那木扎勒的府邸——甘丹康萨，而驻藏大臣及其随员仍然住在被火焚烧后的旧衙署。乾隆十六年（1751），四川总督策楞到藏后，奏请将没收的珠尔墨持那木扎勒的楼房作为驻藏大臣衙门，清高宗颁诏允许"将从前驻藏大臣居住之通司岗为傅清、拉布敦祠堂，其珠尔默特那木扎勒之叛产应追入官，为驻藏大臣等办事公所并官兵居住"[1]。乾隆十六年（1751），甘丹康萨成为驻藏大臣衙门。

乾隆五十三年（1788）巴忠奏称："驻藏大臣等所住之房，系从前珠尔墨持那木扎勒所盖，原有园亭，并闻多栽树木，引水入内。后因入官，作为驻藏大臣衙门，历任驻藏大臣俱略为修葺。"[2]由此可知，历任驻藏大臣对所住衙署都按照自己的意愿进行过维修与整饬，其中尤以庆麟和雅满泰两位驻藏大臣修建为多。庆麟把驻藏大臣衙署粉饰得富丽堂皇，雅满泰更新建了不少房屋，以至房屋太多，后来多没大用处。乾隆五十三年（1788）十二月，乾隆在给军机大臣的诏谕中也说："驻藏大臣所居，闻系三层楼房，楼高墙固，即有意外之事，易于防守。"[3]乾隆五十四年（1789），经驻藏大臣舒濂奏准，"从前雅满泰所住楼房屋，除改建仓库贮米外，余房甚多，应概行拆毁，盖造教场"[4]。后庆麟、雅满泰二人获罪，驻藏大臣衙门也搬迁至扎什城衙门，甘丹康萨从此逐渐荒废。

1 《清高宗实录》卷 1318。

2 《清高宗实录》卷 1318。

3 《清高宗实录》卷 1318，《清实录藏族史料》第七集，3165 页。

4 《清高宗实录》卷 1339。

（3）扎什城衙门与“商上官房”

扎什城衙门位于拉萨北郊七里的扎什兵营的前面，也在今扎什贡巴寺之前。扎什城兵营修建于雍正十一年（1733），扎什城衙门修建的时间要比其晚一些。衙署修建的具体年代待查，但至少在咸丰七年（1857）以前驻藏大臣均住在扎什城衙门。惜此处衙署已不存遗迹，亦无从考据其建筑形制。仅有与之相关的仪典文物尚可寻觅踪迹。扎什城驻藏大臣衙门门前原有石狮一对，约在1912年，由十三世达赖的近侍土登贡培将其移置于罗布林卡，现仍完好地蹲坐在罗布林卡的大门前，以其特有的雄姿守卫着西藏最大的园林。

1840年以后，因鸦片战争和太平天国运动等，清朝的统治处于内忧外患之下，这使得驻藏大臣也感到惶恐不安。咸丰七年（1857），驻藏帮办大臣满庆被任命为驻藏大臣。满庆看到当时“藏中屡不靖”的形势，为了“防范奸细”[1]，便把驻藏大臣衙门和兵营从离城较远的北郊扎什城迁到拉萨城里。“从此僦屋而居，扎什之营房遂废。”[2]这句话说明当时驻藏大臣和驻藏官兵是在拉萨城内租房而居，扎什的营房从此废弃。清文宗（咸丰帝）对此是不赞同的，然而也只是听之任之，“驻藏大臣衙署向在城外，兹据满庆等奏，因藏中防范奸细，修砌墙垣，遂将官兵移扎正街，并该大臣等亦移居商上官房。殊出情理之外”[3]。此处的“商上官房”是指大昭寺南边贡桑孜官邸一带，当时驻藏大臣和驻藏官兵从北郊移住正街，就是暂住在此处。

（4）鲁布衙门

鲁布衙门是晚清时期修建的衙署。在同治帝的多次过问之下，驻藏大臣遂在大昭寺以西约一里许的鲁布地方修建了新的驻藏大臣衙门和兵营。鲁布驻藏大臣衙门坐西向东，大门前原有石狮一对。从此以后，清朝驻藏大臣就住在这里，直到1911年辛亥革命时，最后一任驻藏大臣联豫离开拉萨。之后藏兵代本也住在这里。1959年西藏民主改革后，藏兵解体，西藏军区警卫营又搬到此处驻防。约在1968年，警卫营调防察隅，这里改建城西藏军区第二招待所，原来的衙署和营房全部拆毁，已不见痕迹。

从中国历史博物馆收藏的晚清时期绘制的《拉萨画卷》中可以见到该处衙署

1 《清文宗实录》卷86。
2 《清文宗实录》卷86。
3 《清文宗实录》卷86。

的位置和建筑概貌。驻藏大臣衙署绘制在《拉萨画卷》的中间偏下的位置，南距拉萨河较近，其北侧为浓郁的林卡，越过林卡的西北方向即是布达拉宫，而其东北方向则是以大昭寺为中心的八廓街区域。从图中各主要建筑的对应关系分析可知，此处所绘的驻藏大臣衙门正是鲁布衙门（图 3–10）。

图 3–10 鲁布衙门

画面中的鲁布衙门建筑群共有两座院落，皆为汉族传统建筑形式。每座院落又有两组轴线，各有三进和四进的小院串联而成，均为严整的中轴对称布局，呈现出官署建筑的秩序感、威严感。两座院落的前院均突出于建筑群之外。大门开设于前院的东西两侧，正对而设，均为五柱三开间的牌楼门，其上为两坡屋顶，居中开间的屋顶最高，两旁的屋顶略降，屋顶下连有木质杆件，组成简易纹样。在前院南面的墙壁上，各绘有一红色太阳图案。前院内各立有两根旗杆，分别置于东西两侧门楼之内，上挂黄色旗帜。在第二进门前的东西两侧均建有两处平顶房屋，推测其为门房之用。每组院落的最后一进又建有一层或二层的房屋，开间均为三间，立面呈现出汉地建筑风格，是鲁布衙门内的主要建筑。画面中，官员正在办理公务。门前有两位官员迎来送往，其中一人着典型的清朝官服，另有一人穿藏装，为观者展现了一幅生动的办公场景。从陈宗烈先生提供的一张老照片中，也可以看到鲁布衙门的景象，不仅可以看到设于前院东西两侧的牌楼门，而且门前站着守卫的兵士和值班的官员，以及喇嘛和百姓等候召见的场景也十分清晰(图3–11)。

图 3–11 鲁布衙门入口

这与《拉萨画卷》所描绘的景象大致相同。

综上所述，鲁布衙门既是驻藏大臣等处理公务的场所，也是其日常生活起居之所。作为权力象征，其主体建筑均处于中轴线上，两侧的房屋也均以中轴线对称分布，布局严谨，主从有序，形成了大小不同的院落，组合成一个布局严整而功用齐全的建筑群，体现了统治者的权威。鲁布衙门的整体建筑建筑群落处理，运用了中原内地传统的正副轴线和多重院落的组合，相互嵌套，层层递进。沿着轴线布置一个个庭院，自外而内，通过不同的院落空间，逐渐展现建筑群体的韵致，成功借鉴了汉地传统院落空间的特质，在一定程度上呈现出了汉地官署建筑的特点。

### 2. 朗孜厦

朗孜厦原为噶厦机构主管拉萨政务的地方，后发展为拉萨市规模最大的监狱。建筑坐西朝东，共三层，石木结构，平屋顶，总建筑面积约 720 平方米，建筑年代约为 1650 年。帕竹王朝时期，柳梧宗下属的堆龙朗孜庄园，曾具有非常雄厚的实力，其庄园主朗孜第巴在拉萨修建了一座两层石头碉房作为府邸，被称为“朗孜厦”（图 3–12）。五世达赖喇嘛时期，第悉藏巴排挤格鲁派的势力，朗孜第巴在这场较量中被击毙，他在拉萨的府邸也被没收。公元 1679 年，甘丹颇章政权建立后，朗孜厦被改建为拉萨司法（市政）机构，称为“朗孜厦列空”。

图 3-12　朗孜厦

清代黄沛翘编的《西藏图考》中记载：“西藏相沿番例三本，计四十一条，所载刑法甚酷。大诏旁有黑房数间拘挛罪人，犯法者不论罪之轻重，皆禁于内，用绳缚四肢，以待援法。”[1] 此处所说的“黑房数间”正是“朗孜厦”。朗孜厦大门设于二层，门前为宣判台，台下是广场，死刑犯一经宣判，即将犯人绕八廓街

1 ［清］黄沛翘 . 西藏图考 [M]. 拉萨：西藏人民出版社，1982：187.

一周示众，死刑仪式也在这里举行。一、二层是关押囚犯的牢狱，重犯关押在一层，轻犯和女犯则囚禁在二层。三层是审判犯人的公堂，监狱看守也在此处办公。

另据《颇罗鼐传》记载：“帕玛日山脚下的草坝上，已经支起迦尸迦帐篷[1]，铺好了垫子。一些北京的将军，坐在上面。驻藏大臣查郎吩咐颇罗鼐王爷以及其随从都来观看。在不远处，立着四根法柱……一根绑着阿尔布巴，一根柱上绑着隆布鼐，另外两根柱子上，分别绑着觉隆喇嘛和南杰扎仓的管事。三个噶伦的亲属待在中间等死。四周被拿着各种兵器的骑兵和步兵团团围住。”[2]这是康济鼐事件之后，清朝处理作乱者的场景，其位置在帕玛日山脚下的草坝上，说明此处是除朗孜厦之外又一处处置罪犯的场所。不同的是，朗孜厦属于西藏地方政府所管辖，处置的大多是身份普通的罪犯，而帕玛日山脚下的草坝，则是清廷在西藏地方的官员代表朝廷对犯有重大案情的身份显贵的罪犯的处置之所。

### 3. 雪勒空

雪勒空，属于拉萨的三大司法机构[3]之一，是拉萨地区专署。其办公地点位于布达拉宫雪村内北侧中部，在陡峭的山坡与山下平地衔接的地方。雪勒空官署建筑，两层，约建于1900年。建筑有两个出入口，东部的出入口从二层进入办公区，南部的出入口直通一间高大的殿堂（图3–13、图3–14）。

图3–13　雪勒空1

图3–14　雪勒空2

1 迦尸迦帐篷：用迦尸迦（印度北方邦的瓦腊纳西）布制作的大型帐篷。

2 朵卡夏仲·策仁旺杰．颇罗鼐传[M]．汤池安，译．拉萨：西藏出版社，2002：314.

3 拉萨的三大司法机构：协尔康列空，是噶厦的法院、检查、审讯处，位于大昭寺里面；朗孜厦，是拉萨市政厅，位于八廓北街；雪勒空，是拉萨地区专署，位于布达拉宫雪村内。

与雪勒空相对的是雪村德吉林监狱，又称“雪遵康”，建造年代约为1650年。与同样作为监狱的位于八廓街上的朗孜厦相比，雪村德吉林监狱的建筑形象更加封闭内敛。建筑一层，外立面无窗，方形的开敞庭院外有一圈围墙。在庭院地面有两个天井可以照到地面以下的更深的小院，在小院周围排列着漆黑的单间牢房。

## 第三节 扎什城

### 1. 驻军制度的设立

扎什城的兴建与清朝的治藏方略紧密相关。清初主要通过蒙古和硕特部的势力对西藏地方实行间接统治，蒙古骑兵一直驻扎在离拉萨不远的当雄（达木）地区。康熙六十年（1721），因准噶尔军队的入侵，清朝派遣军队进藏驱逐，抚远大将军允禵曾向康熙建议：“西藏虽已平定，驻防尤属重要。”[1]但清朝在西藏留驻正规军队的时间是在雍正五年（1727），正是在西藏设置驻藏大臣的一年。清朝派兵平定阿尔布巴等人的武装冲突以后，根据西藏的形势，并防备准噶尔蒙古在此侵扰西藏，决定留驻川陕兵2 000名，“以资震慑”，而且在昌都留驻滇军1 000人，作为“声援”[2]。这是清中央政府加强对西藏的治理、实行直接统治的开始。置军驻防就是清朝在西藏地区实行直接统治的重要标志之一。

雍正十一年（1733），清廷又发出旨令：“藏族驻扎弁兵，本为防护唐古特人等，以防准噶尔贼夷侵犯，迩来贼夷大败，徒步奔逃，力蹙势穷……且颇罗鼐输诚效力，唐古特（西藏）之兵亦较前气壮。现今藏中无事，兵丁多集，米谷钱粮……虽给自内地，而唐古特人等不免解送之劳，朕意……留兵数百名，余者尽行撤回。”[3]于是驻藏大臣只留五百名川兵驻藏，其余撤回内地。留藏官兵三年一换，成为定制，驻军制度由是确定。

### 2. 扎什城的营建

扎什城的营建与清廷在西藏驻军制度的设立紧密相关，是依据驻军需要而另行修建的兵营。扎什城位于拉萨北郊约七里的扎什平原。这里原是野外荒郊，但

1 《清圣祖实录》卷291。

2 牙含章.达赖喇嘛传[M].北京：人民出版社，1984：46.

3 牙含章.达赖喇嘛传[M].北京：人民出版社，1984：47.

地势平坦开阔，适宜驻军训练。《西藏图考》中曾记载："又南七里为扎什城，汉兵所居。"[1]文字言明了扎什城内的主要居民是汉兵，然其关于方位的描述却与实际情况相反。依据对扎什城遗址的实地考察，以及有关拉萨的历史地图的观察可知，扎什城的位置应是在拉萨城北郊约七里的位置，也即今扎基寺所在区域。书中对这一谬误做一阐述，以兹辨别。

清廷于雍正五年（1727）开始在拉萨设立驻军后的六年里，清军全部租住在拉萨城内，与居民混杂而居，由是给军民带来了诸多不便。《颇罗鼐传》中记载了这段时期的状况："北京的兵丁们虽然很想住在拉萨，但因民房被军队占用，潮水般的差税，叫老百姓苦于应付。特别是寺庙附近，本应干干净净，不能宰杀牲畜。而他们却在周围的街道上，杀羊宰牛，弄得血腥遍地，污浊不堪，炖肉熬骨，恶臭冲天。城市给搞得肮肮脏脏，一片污秽。这样一来，大有激恼护法神，使世界陷入不幸的危险。"[2]当时总理西藏事务的藏王颇罗鼐遂上书朝廷，请求减少驻防拉萨的军队，并将兵丁从拉萨差民家中搬迁至拉萨北郊扎什平原，新建兵营供军队居住。究其原因，一是为了减少藏民的差役，二是为了净化拉萨的街容，避免可能出现的摩擦。清廷采纳了颇罗鼐的建议，并于雍正十一年（1733）发布旨令，"特命于色拉、召（大昭寺）之间扎溪地方另建城垣"[3]，以驻五百兵士。是年四月，来藏换防的工部尚书副都统马腊到达拉萨。八月，扎什城修建竣工，"移兵驻之"[4]。扎什城，又称扎什敦布，"驻藏官兵自游击以下，均聚居扎什敦布"[5]。

在兵营兴建的同时或稍后，清军在扎什平原上也修建了关帝庙、驻藏大臣衙门等建筑。但是扎什城教场却并没有与兵营同时兴建，其修建时间要相对晚一些。直到乾隆五十四年（1789），驻藏大臣舒濂和普福才向清廷提出："西藏向未设立教场，殊乏校阅骑射之地，请于扎什地方建造教场。"[6]并将过去雅满泰所建楼房，"除改建仓房贮米外，余房甚多，概行拆毁，盖造教场"[7]。这个教场修建以后，就成为清朝在拉萨驻军操练骑射和检阅军士的重要场地。每年藏历正月二十四日，

1 《西藏研究》编辑部．西招图略 西藏图考[M]．拉萨：西藏人民出版社，1982：101.
2 朵卡夏仲·策仁旺杰．颇罗鼐传[M]．汤池安，译．拉萨：西藏出版社，2002：391-392.
3 （清）周霭联．西藏纪游[M]．卷四．北京：中国藏学出版社，2007.
4 （清）周霭联．西藏纪游[M]．卷四．北京：中国藏学出版社，2007.
5 [清]张其勤．清代藏事辑要[M]．拉萨：西藏人民出版社，1983.
6 欧朝贵．清代驻藏大臣衙门考[J]．西藏研究，1988（01）：50.
7 《清高宗实录》卷1339。

拉萨传昭祈愿大法会结束之时，游行仪仗队的士兵要着蒙古古装，“由布达拉山前过正桥，转绕布达拉山后，至扎什城点兵，过队完，散”[1]。

扎什城的营建并非特例。驻防制度的设立和城堡式兵营的兴建，都颇类似于清入关后“满城”的设置缘由和营建方式。史载清入关后，为了把守要隘，威慑地方，在全国各地设置八旗驻防。至乾隆中叶，八旗驻防多达九十七处。依据旗民分治的原则，清政府在八旗驻防地为驻防旗人划定区域，或独筑一城，或于府城析出一隅，给驻防官兵人等居住，称之为“满营”或“满城”。满城内不但居住八旗清兵，还有大量的官兵家属、户下家人等。“各驻防长官即辖旗兵，又驭旗人，所以满城不仅是一个军营，还是一个相对独立的旗人小社会。”[2] 城内设有必备的军事设施、官府衙署、官兵住房，也常设有学校、寺观、庙宇，分有马场、营地、菜园及官员俸米田或兵丁份地等。扎什城与满城之间也存有不同，如满城主要以八旗官兵为主，而扎什城内的清兵则主要以驻藏的川兵为主，城内的建筑形式也多有不同等。此外，这种按军事的要求另筑城堡的方式，常因各地条件的不同而呈现出多样性。有修建在高地之上的，如宁波府的定海城，在其依照地形布局形成不规则形状之外，还在附近高地上另筑了城堡靖海城堡、戚远城等。而拉萨的扎什城修建在城郊以北的广袤平原上，以利于军事操练（图 3–15）。

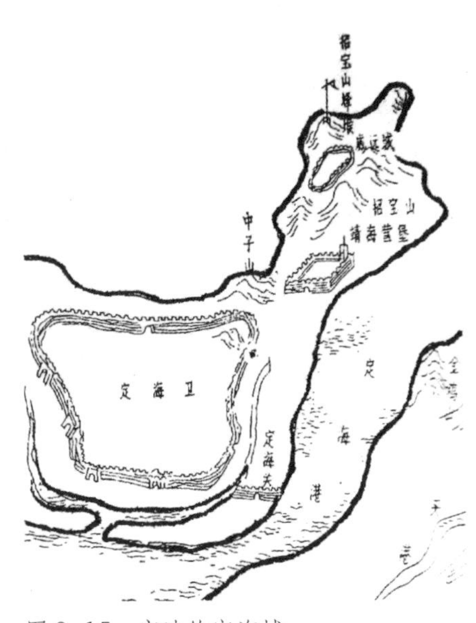

图 3–15　宁波的定海城

**3. 扎什城的空间结构**

位于拉萨北郊七里许的扎什城，是一座典型的军事防御性城堡。其平面为规则的方形，四面筑有墙垣，并于四方各开一门，城墙上设有孔洞，以利于射箭放枪，

1 《清穆宗实录》卷 87。

2 赵令志．成都八旗驻防学校志校注 [C]// 西藏民族学院．藏族历史与文化论文集．拉萨：西藏人民出版社，2009:341–353.

供战时防御之用。《颇罗鼐传》中有相关的描述：“大皇帝的将军们所居住的楼房和容纳全部兵丁的那种赛似蜂窝的营房都很快建好了。营房四周，筑有墙垣，四方各开一门，墙垣上有射箭放枪的小孔。”[1] 由文中可知扎什城的防御性特征，此外，也可以大致了解扎什城内兵丁营房的概貌，应是由多个标准单元建筑的重复组合，建筑密度比较高，类似蜂窝聚集在一起。

扎什城兵营的东、西两侧分别为藏军教场和清军教场，建于乾隆五十四年（1789）。在两个教场内分别设有阅兵点将台等构筑物。L. 奥斯汀·瓦德尔于1905年绘制完成的《拉萨市郊区示意图》中清晰地标注出了两处教场的位置。惜比例不详，无法推测其面积大小（图3–16）。吉森辛格绘制的1878年的《拉萨平面图》中也标注出了扎什城及两处教场的位置，并大致绘出了阅兵点将台的位置，依图中所绘可知，扎什城内布置有四栋主要建筑（图3–17）。教场遗址在今拉萨北郊畜牧研究所院内，阅兵点将台尚存部分残迹。土台不远还竖有一无字石碑，而有字的《教场演武厅碑记》已不知下落[2]。

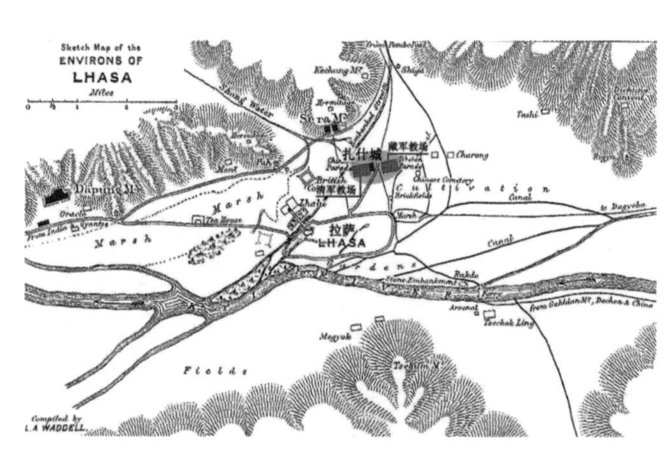


图 3–16　扎什城 1

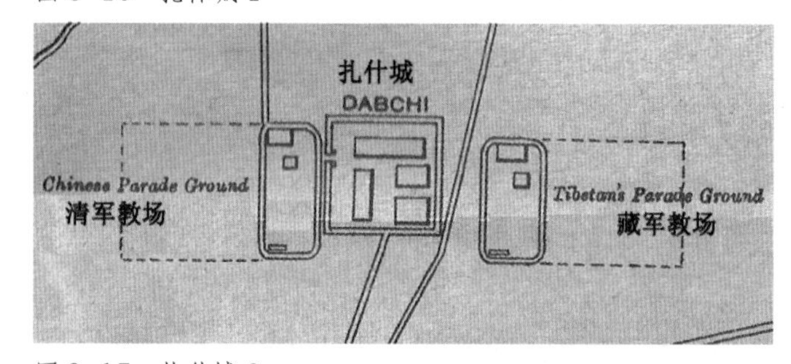


图 3–17　扎什城 2

依据史料记载和实地调研可以推断，扎什城内外除了驻藏清兵的营房，以及后来修建的藏军教场和清军教场之外，还曾修建有驻藏大臣衙门、

1 朵卡夏仲·策仁旺杰．颇罗鼐传[M]．汤池安，译．拉萨：西藏出版社，2002：392–393.

2 欧朝贵．清代驻藏大臣衙门考[J]．西藏研究，1998（01）：49.

关帝庙、佛教寺庙等建筑。其中关帝庙位于扎什兵营城紧南面，其修建时间应与兵营同时或稍后。驻藏大臣衙门也位于扎什兵营的前面，其修建时间要稍晚一些。在其东北里许还有驻军教场和阅兵遗迹。驻藏大臣衙门的东面另有一小庙为查细拉康，是驻藏士兵们为清高宗和七世达赖祈福而修建。扎什贡巴寺则位于兵营和驻藏大臣衙门之间的位置。扎什贡巴寺建筑遗物和“万寿寺”铁钟尚存，驻藏大臣衙署门前的一对石狮，现蹲坐在罗布林卡门前[1]。清军所建的扎什城关帝庙碑现仍存于大昭寺内，据其碑文可知在乾隆年间对扎什城关帝庙曾进行过一次修葺扩建：“命同知李经文董其役，卑者崇之，隘者拓之，有庑有堂，有严有翼，阅月而竣事，神之凭依在于是乎。”[2]其后列资助维修扎什城关帝庙的官兵一百三十余人的职衔名讳。驻防官兵三年一换，选择在西藏娶妻定居者虽然并不多，但仍有之，《清宣宗实录》中即有官兵娶藏族妇女为妻，并生有子嗣，在营中食粮者的记录。但是扎什城内最终没有呈现出如满城一样世俗热闹的社会形态。

1 傅崇兰．拉萨史[M]．北京：中国社科院出版社，1994：160.

2 欧朝贵．清代驻藏大臣衙门考[J]．西藏研究，1998（01）：49.

# 第四章　拉萨宗教建筑

第一节　藏传佛教建筑及其分布

第二节　其他宗教建筑及其分布

## 第一节　藏传佛教建筑及其分布

甘丹颇章政权确立之后，五世达赖喇嘛曾制定全藏各寺院的僧人人数和征集僧差的制度，授给色拉、哲蚌、甘丹三大寺等寺院管理寺属庄园和百姓权力，并规定每年从政府收入中供给各寺院粮食和资金。这些规定的详细情况可见于第悉桑结嘉措所著的《黄琉璃》一书[1]。其后，清政府也对各地喇嘛寺庙的规模、寺庙经济和住寺人数等都做出了相应规定，确立了一套管理方法。《理藩院则例》中即详细记载有各地僧侣的限数，当时前藏拉萨有寺僧 1.7 万人，其中布达拉宫限 5 000 人，哲蚌寺限 7 000 人，色拉寺限 5 500 人，甘丹寺限 3 300 人[2]，其他寺庙的僧员限数也多少不一。“据清乾隆年间之调查，在达赖领管之下者，有三十万二千五百余人（百姓十二万一千四百三十户）”[3]，然而发展至甘丹颇章政权晚期，也即民国时期，拉萨城内外寺庙的僧侣人数已发生很大的变化，且多有增长，并没有遵守上述规定，概因西藏居民极为崇信佛教习俗之故。“然时之今日，当已不止此数，仅在布达拉宫，合计僧侣则有二万左右，别蚌寺（亦称哲本寺）[4]，在清末时，七千七百名，现已增至万人；噶尔丹寺（亦称甘丹寺），原有三千三百名，现仍增至四千有余，色拉寺亦有五千五百人……此外尚有女子为尼姑者，其数亦颇可观。”[5]僧侣人数的大幅度增加，必然导致寺庙规模的扩张，寺庙的占地面积和建筑面积也宜相应增加，寺庙的扩建和完善成为甘丹颇章政权中晚期寺庙建筑发展的主流。

拉萨是佛教圣城，城内外寺庙众多。拉萨又是格鲁派的发祥地，是其政教合一政权的中心所在，故而拉萨城内的寺庙多为格鲁派寺庙，也有少量的萨迦、宁玛、噶举派的寺庙，但影响远不如格鲁派寺庙。拉萨城内最为特殊的寺庙——大昭寺则是各大藏传佛教教派共同供养的寺庙。此外，因摄政活佛制度的出现，拉萨城内又兴建了部分摄政活佛的私庙——喇让。它们与大昭寺、格鲁派的其他寺庙一

---

1 东嘎·洛桑赤列．论西藏政教合一制度 [M]. 陈庆英，译．北京：中国藏学出版社，2001：55.

2 不著撰人．番僧源流考 [M]. 拉萨：西藏人民出版社，1982：93.

3 摘自《西藏史地大纲》，转引自：西藏社会科学院西藏学汉文文献编辑室．西藏地方志资料集成（第一集）[M]. 北京：中国藏学出版社，1999：31.

4 别蚌寺，亦称哲本寺，即指哲蚌寺。

5 摘自《西藏史地大纲》，转引自：西藏社会科学院西藏学汉文文献编辑室．西藏地方志资料集成（第一集）[M]. 北京：中国藏学出版社，1999：31.

起，对拉萨的城市空间形态产生了较为深远的影响。

拉萨城郊也坐落着多处寺庙，著名的如甘丹、哲蚌、色拉三大寺、蔡巴寺、贡塘寺、策觉林等，各寺庙内都供奉有大量的佛像经塔、圣迹遗物等[1]。它们的存在极为有力地烘托了拉萨圣城的地位，这种烘托作用，不仅表现在宗教方面，也表现在参政方面，“此三大寺（即指甘丹寺、哲蚌寺、色拉寺），为前藏各寺庙之巨臂，有参议政治之权。”[2]这恰是政教合一制度下甘丹颇章政权的执政特色。本书拟对拉萨城郊的主要寺庙建筑及其分布情况做简要探讨，从中或可理解以格鲁派为代表的藏传佛教文化对拉萨圣城地位回升的促动作用，以及拉萨圣城自身的辐射作用。

**1. 拉萨城内格鲁派的主要寺庙**

（1）小昭寺

小昭寺，藏语名为“甲达绕木齐”，位于八廓街以北约500米处。初建于吐蕃王朝松赞干布时期，藏文史籍《西藏王统记》记载：“斯时，汉妃亦自汉地召来木工及塑匠甚多，修甲达绕木齐庙庙门皆向于东方焉。”[3]清代史志中言小昭寺：“大昭寺北半里许，番名喇木契，坐西向东，上有金殿一座，亦颇壮丽，乃唐公主所建。因唐公主悲思中国，故东向。其门殿内佛像，名墨珠多尔济，又有释迦牟尼佛、弥勒诸佛像。或云塑像内有唐公主肉身，座上书‘默寂能仁’四字。”[4]1474年，举钦·衮噶顿朱在此寺内创立上密院，从此成为格鲁派弘传密宗和诵经作法的道场（图4–1）。

图4–1　小昭寺

1 “道场”指寺庙、岩窟、神山等修道供神的场所；“圣迹”指神像、经书、宝塔等三所依的古迹文物；“神像”，是神身所依处；“经书”，是神语所依处；“宝塔”，是神意所依处，总名为三依处。

2 西藏社会科学院西藏学汉文文献编辑室．西藏地方志资料集成（第一集）[M]. 北京：中国藏学出版社，1999：31.

3 萨迦·索南坚赞．西藏王统记[M]. 刘立千，译注．北京：民族出版社，2000：85.

4 西藏研究编辑部．西藏志 卫藏通志合刊[M]. 拉萨：西藏人民出版社，1982.

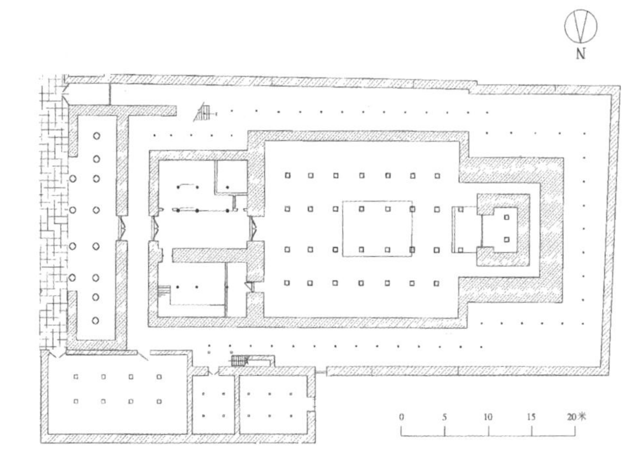

图 4-2　小昭寺一层平面

现存的小昭寺仅有一主殿，建筑坐西向东，其前为一庭院。建筑由门廊、门庭、经堂、佛殿等组成，占地面积约为 4 000 平方米。门廊、门庭为三层，中部经堂为一层，后部佛堂为三层，其上有金顶。门廊有 10 根十六棱形柱，面阔七间，进深两间。进门廊后，即为绕神殿一周的转经回廊。门廊之后为门庭，由大小不等的四个房间组成。穿门庭而过是经堂，纵长方形，30 柱面积，面阔五间，进深八间。其后为佛殿，2 柱面积，佛殿外有环形的转经道。建筑二层前部为僧舍，中部为大经堂天井，其后为供佛大殿，6 柱面积。建筑三层前部为达赖喇嘛到此寺的专用住房，后部为金顶殿，8 柱，上为歇山式金顶。从现存实物来看，小昭寺在历经佛法传播的几次劫难之后，遭到了较为严重的损坏，后虽经修建，但已完全没有吐蕃时期的遗迹。仅能从佛殿外围的转经道和佛殿面向东方的做法上，寻觅吐蕃时期佛殿建筑的痕迹，可见其在殿堂的平面形制上仍保留着早期的特点（图 4–2）。

（2）墨如宁巴

墨如宁巴，又译“旧木鹿寺”，宁巴有“老”之意，即为老墨如寺。位于大昭寺东，与其仅一墙之隔，是拉萨有名的古寺。最初为吐蕃赞普热巴巾（又译墀松德赞，815—838 在位）时修建。据《西藏王统记》载热巴巾时，在大昭寺东、南、北三面建寺六座：“（热巴巾）王之受供僧娘·霞坚及少数臣僚等在拉萨东面（陈译本此句作“在大昭寺东面”）建噶鹿及木鹿寺，南面建噶瓦及噶卫沃，北面建正康及正康塔马等寺。”[1]《吐蕃王朝世系明鉴》中亦有相通的记载：“（热巴巾）王供奉僧娘·霞坚及少数臣僚等在拉萨（大昭）东面建噶如及木如二寺。”[2] 文中

1 萨迦·索南坚赞．西藏王统记 [M]. 刘立千，译注．北京：民族出版社，2000.
2 萨迦·索南坚赞．吐蕃王朝世系明鉴（藏文）[M]. 北京：民族出版社，1981：228.

所提木鹿寺、木如寺，依据时间推断即为今之墨如宁巴。19 世纪末 20 世纪初，经十三世达赖喇嘛主持扩建，该寺方有今日之规模。其东西长 52.2 米，南北宽 39.4 米，总面积约为 2 057 平方米。与此同时，因乃琼寺法王释迦亚培主持在大昭寺的东北方向新建一座墨如寺[1]，遂将该寺改称为墨如宁巴（图 4–3）。

图 4–3　墨如宁巴

墨如宁巴的主殿，坐北朝南，高三层，主殿两侧及南面绕以高二层的僧房，围合成内向的庭院，均为十三世达赖喇嘛之时扩建。主殿平面近似方形，一层为经堂、佛殿，两侧为库房，经堂为 16 柱面积，佛殿共 4 柱面积。墨如宁巴内最早的建筑是藏巴拉康（藏巴拉佛殿），位于西侧僧房中部。规模比较小，总宽 7.2 米，总进深 7.5 米。佛殿用料粗厚，夯土墙，平面布局由前庭、转经道、佛堂三部分组成。中心为“凹”形的东向小佛堂，宽仅 2.5 米，深亦不足 3 米。佛堂外为一圈转经道，佛堂、转经道之前有宽近 8 米的前庭，其门廊为后世增设（图 4–4）。这种平面布局特点与吐蕃时期修建的其他古寺，如桑耶寺的乌孜大殿、玉意拉康、若康佛堂等一样，推测是吐蕃王朝时期佛殿的传统形制。藏巴拉康曾用做乃琼寺僧

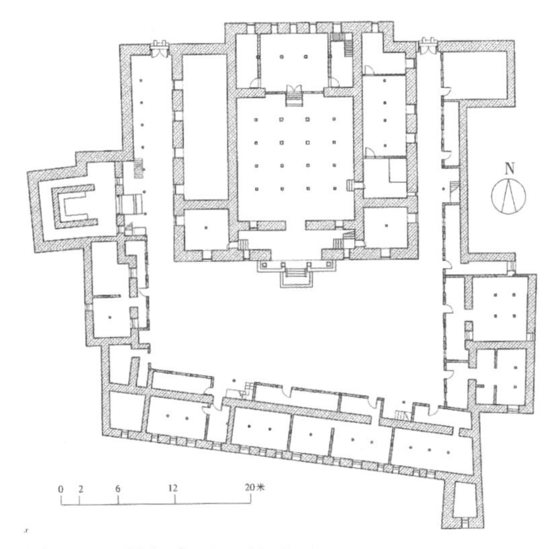


图 4–4　墨如宁巴一层平面

1 西藏自治区文物管理委员会．拉萨文物志[G]（内部资料），1985：43.

人的法会堂。

（3）墨如寺

墨如寺，又称“木鹿寺”。位于大昭寺东北方向，小昭寺的东南方向，今北京东路北侧。该寺创建于十三世达赖喇嘛（1876—1933）时期，乃琼寺法王释迦亚培主持兴建。清代汉文史料《卫藏通志》中记载木鹿寺：“大昭之北，小昭之东，楼高四层，亦颇壮丽，经堂佛像，亦甚整齐，为西番僧人习经之所。西有经园，刊布三乘经文，颁行各处。”[1] 寺院坐北朝南，总面积约为 8 925 平方米。曾有大门四处，南侧的第一道大门在 1968 年修寺前道路时被拆毁。墨如寺主殿沿轴线布置经堂和佛堂，经堂面阔 9 间，进深 7 间，48 柱面积。佛殿并排 3 个，中为 8 柱面积，两侧各为 3 柱面积[2]。主殿东、南、西三侧均为高三层的僧舍。其中西侧的僧舍布局较为特殊，为前后并列的两排南北向僧舍，僧舍之间为一狭长的院落。东侧的僧舍仅为一排，但布局前后错落，富于变化（图 4–5）。

图 4–5　墨如寺（木鹿寺）

（4）上密院、下密院

上密院，藏语称“局堆扎仓”，位于小昭寺旁，占地面积约为 2 万平方米，包括今小昭寺前左右两侧的两层楼房和东边拉萨二中占用的辩经场。上密院始于 1485 年，由密宗法师杰·贡嘎顿珠创设[3]。该寺在“文革”时曾被破坏，后重建。

下密院，藏语称“举麦扎仓”，东与墨如寺相连，因而常有研究者将墨如寺与下密院混为一谈，盖失察之谬也。下密院是一所专门修行格鲁派密宗的扎仓，创始于 18 世纪，创建人铁钦帕尔土，时为噶厦政府的噶伦。主要建筑包括主殿、僧舍、辩经场、印经房等。主殿坐北朝南，高四层。一层为经堂、佛殿，48 柱面

1 西藏研究编辑部 . 西藏志 卫藏通志合刊 [M]. 拉萨：西藏人民出版社，1982：278.

2 西藏自治区文物管理委员会 . 拉萨文物志 [G]（内部资料），1985：52-53.

3 杨辉麟 . 西藏佛教寺庙 [M]. 成都：四川人民出版社，2003：330-331.

积，正中4柱直通三层，承托高敞天窗。其东侧室内有柱12根，西边无侧室。佛殿分东、西两部分，各有12柱、20柱，惜今已不存[1]。主殿二层建筑平面为“凹”形，北端设有佛殿，余皆为僧舍。三层亦为僧舍，四层是达赖喇嘛留宿住所，较小，仅1柱面积。主殿之西为露天的辩经场，

图4-6　下密院

东、西、南三侧绕以回廊。辩经场南侧与印经房相通。主殿前曾有大门两道，左右皆有僧舍，惜已拆除新建。甘丹颇章政权时期的下密院，其社会地位很高，其权利仅次于拉萨三大寺，是一个政教合一的强大的组织机构（图4-6）。

（5）苍古寺

苍古寺，始建于明代，是拉萨最早的一座女尼寺院。位于大昭寺之南，今林廓南路中段。始建于明代，创建人为宗喀巴的弟子贵觉多旦（1389—1445）。初建之时规模很小，一层，仅有8柱面积。后经喇嘛帕邦卡主持扩建，增高至两层，并修有门廊，开有天窗。惜“文革”之时，寺庙被毁。今所存之苍古寺重建于1982年，基本恢复原貌，设有门廊、经堂、尼姑宿舍、厨房等。建筑坐北朝南，有经堂而无佛殿的形制也常见于拉萨三

图4-7　苍古寺

1 西藏自治区文物管理委员会．拉萨文物志[G]（内部资料），1985：48-49.

大寺的康村内。位于二层的经堂阔、深各五间（图 4–7）。

（6）扎拉鲁浦石窟寺

扎拉鲁浦石窟寺，位于加布日山（药王山）东麓，始建于吐蕃王朝松赞干布时期。相关记载多见于藏文史料中。如《西藏王统记》《西藏王臣记》《松赞干布遗训》《贤者喜宴》等均有关于此寺的记载，亦记有寺庙的创建者以及寺庙的形制，"松赞干布又要……弥药王之女茹雍妃洁莫尊……在扎拉鲁浦雕刻大梵天等佛像……由是在崖上雕凿成转经堂"[1]（图 4–8）。

图 4–8　扎拉鲁浦石窟寺

扎拉鲁浦石窟寺依山开凿，今距地面约 20 余米，窟口东向，是一处塔庙窟。平面略呈长方形，宽 4.45~5.5 米，深约 6 米。窟中央靠后凿出近方形的中心柱，环绕中心柱的转经道宽约 0.75~1.3 米，仅容 1 人通行。中心柱四面有浅龛，内雕佛像，窟内南、西、北三面也有佛教造像。

表 4–1　拉萨城内的寺庙

| 序号 | 名　称 | 始建年代 | 教　派 | 位　置 |
|---|---|---|---|---|
| 1 | 大昭寺 | 吐蕃王朝松赞干布时期 | 综　合 | 八廓街内 |
| 2 | 小昭寺 | 吐蕃王朝松赞干布时期 | 格鲁派 | 林廓路内，位于八廓街以北约 500 米处 |
| 3 | 墨如宁巴 | 最初为吐蕃赞普热巴巾（又译墀松德赞）在位时修建 | 格鲁派 | 八廓街内，与大昭寺东临 |
| 4 | 墨如寺 | 十三世达赖喇嘛（1876—1933）时期 | 格鲁派 | 林廓路内，今北京东路北侧 |
| 5 | 上密院 | 时间待考 | 格鲁派 | 林廓路内，位于小昭寺旁 |
| 6 | 下密院 | 创始于 18 世纪 | 格鲁派 | 林廓路内，位于墨如寺之西 |

1 《贤者喜宴》摘译（三）[J]. 黄颢，译 . 西藏民族学院学报，1981（02）：24，29.

续表 4–1

| 序号 | 名 称 | 始建年代 | 教 派 | 位 置 |
|---|---|---|---|---|
| 7 | 苍古寺 | 始建于明代，重建于 1982 年 | 格鲁派 | 林廓路内，今林廓南路中段 |
| 8 | 扎拉鲁浦石窟寺 | 吐蕃王朝松赞干布时期 | 综合 | 林廓路内，加布日山东麓 |
| 9 | 丹吉林 | 首任摄政第六世第穆活佛在位之时（在位时间 1757—1797） | 格鲁派 | 林廓路内，位于大昭寺西侧约百米远处 |
| 10 | 策墨林 | 乾隆四十四年（1779）和嘉庆十六年分别兴扩建 | 格鲁派 | 林廓路内 |
| 11 | 贡德林 | 乾隆五十七年（1792）动工兴建 | 格鲁派 | 林廓路内，在磨盘山之南麓 |
| 12 | 锡德林 | 第九辈热振活佛任职期间（具体时间待考） | 格鲁派 | 林廓路内，位于小昭寺西南方约 1 里左右 |
| 13 | 扎什贡巴寺 | 清代乾隆年间（具体时间待考） | 格鲁派 | 林廓路外，位于拉萨北郊扎什城 |
| 14 | 塔布林赞康 | 时间待考 | 格鲁派 | 八廓街内，位于今北京东路冲赛康商场东侧 |
| 15 | 强巴拉康 | 公元 16 世纪 | 格鲁派 | 八廓街内，朗孜厦旁边 |
| 16 | 乃琼拉康 | 公元 7 世纪 | 格鲁派 | 八廓街内 |
| 17 | 木如白贡扎拉康 | 公元 1340 年 | 萨迦派 | 八廓街内 |
| 18 | 玛尼拉康 | 公元 1940 年 | 格鲁派 | 八廓街内 |
| 19 | 绕赛赞康 | 时间待考 | 格鲁派 | 林廓路内，位于绕赛（热色）街上，贡桑孜贵族府邸之东北侧 |
| 20 | 奴日松贡布寺（南日苏寺） | 公元 7 世纪 | 格鲁派 | 林廓路内，位于今鲁布六街巷口 |
| 21 | 卓地康萨 | 时间待考 | 格鲁派 | 林廓路内 |
| 22 | 奴日松贡布寺（西日苏寺） | 公元 7 世纪 | 噶举派 | 林廓路内，大昭寺之西南方 |
| 23 | 朗卡奴拉姆 | 时间待考 | 格鲁派 | 林廓路内 |
| 24 | 德庆绕丹拉姆 | 时间待考 | 格鲁派 | 林廓路内 |
| 25 | 达朔杰康 | 公元 16 世纪 | 格鲁派 | 林廓路内，八郎学区域 |
| 26 | 次巴拉康 | 公元 7 世纪 | 格鲁派 | 林廓路内 |
| 27 | 强日松贡布（东日苏寺） | 公元 7 世纪（重建于公元 1910 年） | 格鲁派 | 林廓路内，大清真寺之西北侧 |
| 28 | 噶玛厦 | 公元 7 世纪 | 格鲁派 | 林廓路内，帕拉府东侧 |
| 29 | 普德康萨 | 公元 17 世纪 | 格鲁派 | 林廓路内，紧邻达嘎府之东侧 |

### 2. 摄政活佛的喇让

喇让（或译“拉让”“拉章”“喇章”，清代文献中译作“商上”），原意为喇嘛的住处，也指寺庙中管理行政事务的机构，如管理寺中财产和行政的机构就称为“喇章强佐”等，后喇让演变为用以专称活佛的私庙。活佛是西藏社会一个非常特殊的阶层，拥有很大的特权和极高的社会地位。凡是具备活佛资格的人都有各自的喇让，亦即私庙。西藏历史上，从 1757 年七世达赖喇嘛圆寂时起，曾先后出任过摄政的活佛系统共有四个，分别是：第穆活佛系统、策墨林活佛系统、达察活佛系统和热振活佛系统。其喇让分别为：丹吉林、策墨林、贡德林和锡德林，常统称为“四大林”，其传承体系称为“杰鲁呼图克图”[1]，即能出任摄政的大活佛。因现有研究成果中对四大林的修建多有模糊不清之处，故笔者在本节中对四大林的修建历史也进行较为详细的探讨。此外，亦有研究者将喇让建筑归属于城市住宅之列的，概因对其使用性质、功能等辨析认识不足之故。

（1）丹吉林

丹吉林（Bstan-rgyas-gling）是第穆活佛在拉萨的私人喇让。1757 年七世达赖圆寂之时，第六世第穆活佛阿旺绛贝德勒嘉措出任第一任摄政[2]。此外，第七世第穆活佛晋美嘉措和第九世第穆转世活佛成烈饶杰也曾先后出任摄政。首任摄政第六世第穆活佛（在位时间 1757—1797）在位之时，下令在大昭寺西侧动工兴建佛邸，并于次年竣工。乾隆皇帝赐“广法寺”御书金匾，藏文译为“丹吉林”[3]。从此，丹吉林成为历代第穆活佛在拉萨的私人喇让。然而各史书资料中关于丹吉林建成年代的记载多有不同。《拉萨文物志》中记载为乾隆二十三年（1758）[4]，亦有藏文史书记载为藏历水羊年（1763）之说[5]。《番僧源流考》则记载为乾隆四十三年（1778），清代和宁所著《西藏赋》注云：“在卫内番民地，第穆呼图克图庙，乾隆四十二年（1777）新修，御赐今名四体书额。”[6]然而此时的第穆活佛已圆寂一年，推测此时既有可能是对丹吉林进行维修，而非兴建，另《清实录》中也未载赐匾的具体年限，待考。

丹吉林是拉萨四大林中建造最早的一处摄政活佛喇让。初时规模宏大，后

1 第穆活佛系统的母寺是德木（第穆）宗境内的第穆拉喀洛色林，在林芝县东南接近雅鲁藏布江，在宗教上是属于哲蚌寺洛色林扎仓系统。

2 摄政：在下一辈达赖未亲政以前，由他代理达赖的职权，暂管西藏的政教事务，清代由此开始确立了摄政制度。

3 苏发祥 . 清代治藏政策研究 [M]. 北京：民族出版社，2001：91.

4 西藏自治区文物管理委员会 . 拉萨文物志 [G]（内部资料），1985：61.

5 苏发祥 . 清代治藏政策研究 [M]. 北京：民族出版社，2001：91.

6 [ 清 ] 黄沛翘 . 西藏图考 [M]. 拉萨：西藏人民出版社，1982：149.

经噶厦政府的几次查抄没收，仅剩一栋三层的主楼。主楼坐北朝南，占地面积约为 1 270 平方米。建筑底层可分为东西两部分，东部由前部的门房、近似方形的经堂、过廊和后部并列的三个佛殿组成。门房 2 柱；经堂面阔五间，进深亦五间，共 16 柱；中间的佛殿为 4 柱面积，其两侧的佛殿则为 2 柱面积；经堂与佛殿之间有两道墙相隔，中为宽 1.8 米的过廊，这种做法较为少见。西部建筑的前部是经堂，进深四间，面阔十间，为 27 柱面积；后部则是排列不规则的库房；顶层设有一护法神殿，由 4 柱经堂和 4 柱佛堂组成。惜今已多毁于城市建设进程中（图 4–9）。

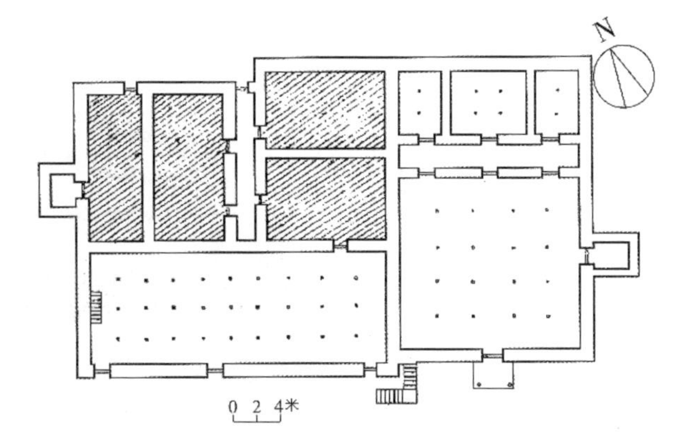

图 4–9　丹吉林早期测绘图

（2）策墨林

策墨林（Tshe–smod–gling）是策墨林活佛在拉萨的喇让。1777 年，清廷特派第一世策墨林活佛诺门汗阿旺楚臣办理政教事务，他是西藏的第二位摄政活佛。初驻锡于甘丹康萨宫，后于甘丹康萨的南面兴建私人喇让。1783 年 6 月，“赐名寿宁寺，并赏给祥轮普度御书匾额、铃杵、海螺、大哈达一个”[1]。寿宁寺的藏文音译即为策墨林。策墨林活佛世系中共出了两位摄政，第二位是扎巴楚臣[2]。

策墨林寺位于甘丹康萨的南面，小昭寺的西南方，与原锡德林相邻。策墨林坐北朝南，占地 6 240 平方米。平面布局为一近似方形的院落，围绕院落的二层裙房的底层为回廊，二层为住房。主要建筑为东、西两殿。东殿，又称白宫，建于一世策墨呼图克图阿旺楚臣任掌办商上事务时（1777—1786）。其经堂面阔五间，开间六间，共 20 柱面积；经堂两侧大致对称分布着厨房、库房等建筑；二层设有护法神殿，三层为活佛卧室。西殿，又称红宫，建于二世策墨呼图克图阿

1 [ 清 ] 张其勤．清代藏事辑要 [M]. 拉萨：西藏人民出版社 ，1983：204.

2 扎巴楚臣，任职 25 年，后因其贪污舞弊和欺凌达赖喇嘛，而被清廷革封查办，发配黑龙江，其摄政之职则令班禅额尔德尼暂行兼管。参见：[ 清 ] 张其勤．清代藏事辑要 [M]. 拉萨：西藏人民出版社，1983.

旺绛贝楚臣嘉措任掌办商上事务时（1819—1844）。其经堂面阔五间，开间五间，共16柱面积；二层设有历世活佛的卧室（图4–10）。东西两殿的共同特点是底层经堂两侧都兴建有对称的作为库藏的廊屋。不同的是西殿底层佛堂分前后两排，而东殿底层经堂之后仅有左右两佛堂。东西两殿的建造时间相差不远，故而在风格上基本保持一致。策墨林是拉萨大中型寺院中创建较晚的一处，两殿异于以前的格局，应是格鲁佛寺于18世纪末叶迄19世纪前期出现的新形式[1]。

图4-10　策墨林

（3）贡德林

贡德林（Kun–bde–kling）是达察活佛[2]在拉萨的驻锡地，又名丹雪曲科林。该活佛系统中曾有两位出任摄政：第八世贡德林活佛传土丹贡布和第十世贡德林活佛阿旺白丹曲季坚赞[3]。第八世贡德林活佛传土丹贡布初驻锡于拉萨旺丹贝巴，1792年，击败廓尔喀之战后，在磨盘山下动工兴建贡德林，与此同时，在山顶修建了文殊庙，在山腰修建了关帝庙，1794年竣工。八世达赖喇嘛赐名为“长寿法轮洲”，1796年（嘉庆元年），嘉庆帝赐“卫藏永安”寺的匾额，并规定寺内僧伽人数为50人[4]。《卫藏通志》则记载为：“乾隆六十年（1795），御赐庙名曰卫藏永安，颁四译字匾额，建在磨盘山之南麓，参赞公海兰察巴图鲁等捐资修建，

1 宿白．藏传佛教寺院考古[M]. 北京：文物出版社，1996：39.

2 达察活佛，藏语“达察”，汉文写为“大拭”。“达察活佛”，又称“吉仲活佛”，“济咙”即“吉仲”的音变。达察活佛世系的母寺是今昌都地区八宿县的八宿寺。

3 第八世贡德林活佛传土丹贡布，时在乾隆五十六年（1791），由前任甘丹赤巴·萨玛第巴克什因病圆寂，令济咙呼图克图赴藏，帮同达赖办事（参见《清代藏式辑要》：248-249）。第十辈贡德林活佛阿旺白丹曲季坚赞，时在光绪元年（1875），以达赖未经出世，掌办商上事务，赏加“达善”之名号（《清德宗实录》：第46卷46页．转引自：苏发祥．清代治藏政策研究[M]. 北京：民族出版社，2001：114.）。

4 陈庆英，等．历辈达赖喇嘛生平形象史[M]. 北京：中国藏学出版社，2006：370-371.

为济咙呼图克图住锡之所。乾隆五十九年（1794）工竣。”[1]《西藏图考》亦说为乾隆六十年的事。《西藏宗派源流考》则说为嘉庆元年之事[2]。又据永安寺藏文译为“贡德林”，从此达察活佛又称贡德林活佛。

贡德林的主楼高四层，经堂开间五间，进深五间，共16柱；后部为并列的三个佛殿，正中佛殿为4柱面积，两侧为2柱面积的小佛殿。“殿门抱厦上面设雪、拉章、扎厦（僧舍）、净厨、门栏等，以供奉佛经、佛像、佛塔相饰”[3]（图4-11）。贡德林前部建有一碑亭，以琉璃瓦覆顶，碑文用藏汉文书写，记载了驱逐廓尔喀即建造贡德林的经过。惜原贡德林已毁，碑亭已不存。

图4-11　贡德林

（4）惜德林

惜德林（Zhi-bde-dgon-pa）是热振活佛在拉萨的佛邸。据《七世达赖喇嘛传》记载，惜德林所在位置原有一吐蕃时期的佛殿，名为嘎瓦，是吐蕃赞普热巴巾在大昭寺周围所建的六处佛殿之一。至公元9世纪朗达玛灭佛之时，受到一定程度的破坏。后在元代蔡巴万户长主持下修葺扩建成惜德寺。第八世热振活佛之时主持了惜德林寺的维修与扩建，曾先后两次出任摄政的第九世热振活佛阿旺益西楚臣[4]将古寺惜德寺再一次进行了大规模的扩建，并请得御赐寺名“凝禧寺”。1862年，惜德林因政治斗争之故而遭到了严重破坏。

1 西藏研究编辑部．西藏志 卫藏通志合刊[M]．拉萨：西藏人民出版社，1982：281.

2 土观·罗桑却季尼玛．土观宗派源流考[M]．刘立千，译．拉萨：西藏人民出版社，1999：77.

3 陈庆英，等．历辈达赖喇嘛生平形象历史[M]．北京：中国藏学出版社，2006：426.

4 第一次任职时间是在清道光二十六年（1846），奉旨掌办商上事务，至咸丰五年（1855）截止。第二次出任时间是咸丰六年（1856），截止于同治元年（1862）。参见：The Dalai Lamas and Regents of Tibet: A Chronological Study. 转引自：苏发祥．清代治藏政策研究[M]．北京：民族出版社，2001：110.

惜德林，位于拉萨小昭寺西南约一里处。主楼坐北朝南，高三层，主轴线上依次为门廊、经堂和佛殿。门廊面阔三间，进深两间，共6柱；经堂面阔九间，进深7间，共48柱；其后为并列的三处佛殿，且三殿互通，共12柱。主楼二、三层的平面布局与其他寺庙大致相同。主楼的东、南、西三侧为二层的裙房，仅东侧与主楼相接的部分裙房为局部三层，皆用做僧舍、厨房、仓库等。裙房与主楼一起围合成一近似方形的庭院（图4–12）。惜原有建筑多有毁坏，但整体建筑风貌尚完整。

图4–12　锡德林现状

表4–2 清代历任摄政略表[1]

| 序号 | 活佛名号 | 摄政时间 | 任职时间 | 府邸名称 |
|---|---|---|---|---|
| 1 | 第六世第穆活佛阿旺绛贝德勒嘉措 | 乾隆二十二年（1757） | 20年 | 丹吉林 |
| 2 | 第一世策墨林活佛阿旺楚臣 | 乾隆四十二年（1777） | 15年 | 策墨林 |
| 3 | 第八世达察活佛土丹贡布 | 乾隆五十六年（1791） | 28年 | 贡德林 |
| 4 | 第七世第穆活佛晋美嘉措 | 清嘉庆十六年（1811） | 9年 | 丹吉林 |
| 5 | 第二世策墨林活佛扎巴楚臣 | 嘉庆二十四年（1819） | 25年 | 策墨林 |
| 6 | 七世班禅额尔德尼丹白尼玛 | 道光二十四年（1844） | 8个多月 | 无 |
| 7 | 第九世热振活佛阿旺益西楚臣 | 道光二十五年（1845） | 18年 | 惜德林 |
| 8 | 卸任的噶伦夏扎哇旺秋嘉布 | 同治元年（1862） | 3年 | 夏扎府邸 |
| 9 | 德柱呼图克图钦饶旺秋 | 同治三年（1864） | 8年 | 木鹿寺 |
| 10 | 第十世达察活佛阿旺白丹曲季坚赞 | 光绪元年（1875） | 12年 | 贡德林 |
| 11 | 第九世第穆活佛成烈饶杰 | 光绪十二年（1886） | 9年 | 丹吉林 |
| 12 | 热振活佛强白益西 | 民国二十三年（1934） | 7年 | 惜德林 |

1 参照：东嘎·洛桑赤列．论西藏政教合一制度[M].陈庆英，译．北京：中国藏学出版社，2001：66；苏发祥．清代治藏政策研究[M].北京：民族出版社，2001；恰白·次旦平措，诺章·吴坚，平措次任．西藏通史——松石宝串[M].第2版．陈庆英，格桑益西，何宗英，等译．拉萨：西藏古籍出版社，2004.

### 3. 拉萨三大寺

（1）甘丹寺

甘丹寺，始建于1409年（明永乐七年），位于拉萨东约40公里拉萨河南岸的卓日伍齐山上。由宗喀巴大师主持兴建，寺建在山顶即南向的山坡上，北靠拉萨河。寺院不断发展，至清代时已经粗具规模，寺僧定额为3 300人。惜寺院毁于“文革”时期，今所存之甘丹寺为20世纪80年代重建。寺院有拉基大殿（措钦大殿）、阳拔殿、绛孜扎仓、厦孜扎仓、活佛拉章，以及大量的僧居康村。寺内建筑顺依山坡，层叠而建，形成一组组建筑群，几乎占满了半个山坡，并于其中设有九个室外辩经场和几处室外佛塔（图4–13）。

拉基大殿（措钦大殿），为寺内最大的集会殿，南向，三层，底层由门廊、经堂和佛殿组成。门廊面阔七间，进深两间，共10柱，左右皆有小室。经堂内共102柱，面阔十三间，进深十间，其后为并列的三间佛殿。这种方形的总平面布局模式成为后来格鲁派扎仓形制的先河，只是规模大小稍有不同而已。阳拔殿位于拉基大殿西侧，是甘丹寺专修秘法的殿堂。三层，南向，但入口偏东面。该殿经堂面阔七间、进深七间，共36柱；其后为并列的两个佛殿，一为2柱的护法殿，一为6柱的佛殿。厦孜扎仓和绛孜扎仓均在西部地势较高之处。厦孜扎仓南向，

图4–13　1957年的甘丹寺

经堂为 84 柱；绛孜扎仓东向，经堂为 88 柱。康村建筑群一般由规模较小的经堂、佛堂、僧舍、厨房、库房等组成[1]。

（2）哲蚌寺

哲蚌寺，位于拉萨西约 10 公里的根碚乌孜山南坡。始建于 1417 年，由宗喀巴弟子绛央曲结·扎西贝丹主持兴建，内邬宗的宗本为建寺施主。哲蚌寺是格鲁派中最大的一座寺庙，清时寺僧曾定额为 7 700 人（图 4–14）。寺院由措钦大殿、甘丹颇章、罗赛林扎仓、果芒扎仓、德央扎仓、阿巴扎仓，以及大量的僧居康村等建筑组成（图 4–15）。建筑顺依山势而建，形成一组组有主有次的建筑群，其间连以曲折的道路，并设有一面积较大的辩经场。

措钦大殿，南向，三层，建于高台上，是寺内最大的单体建筑。一层由门廊、经堂、佛殿组成。门廊为 12 柱；经堂面阔十七间，进深十三间，为 192 柱面积，中部靠前减 8 柱，共 184 柱；经堂后部并列两佛殿，西侧为 8 柱的堆松拉康，东侧为弥旺拉康，曾在 18 世纪中期扩建过，依据西侧佛殿后部有转经道的事实，推测原应有绕两佛殿的转经道。经堂西侧亦有两佛殿。二层中部为天井，前面是寺院的管理用房，二层的东、西、北三侧及三层的后部均为佛殿，三层顶上建歇

图 4–14　哲蚌寺

1 陈耀东．中国藏族建筑 [M]. 北京：中国建筑工业出版社，2007:287–288.

山式金顶。

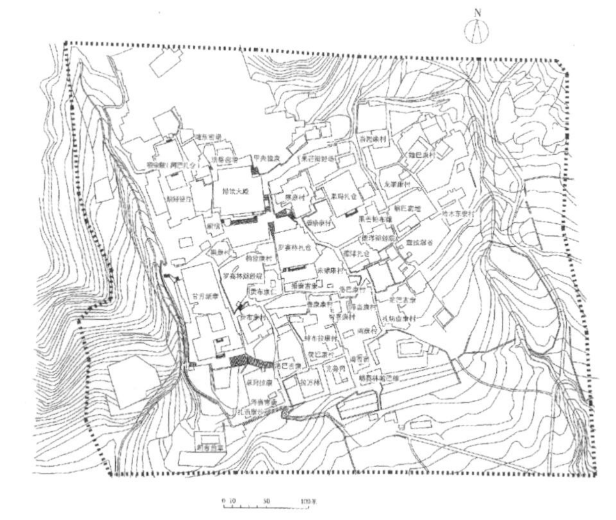

图 4-15　哲蚌寺总平面

甘丹颇章，位于寺院前部西端的一个小山脊上，北高南低。从南至北由四个院落组成，正式入口在南面。第一进院落较小，其东、南两侧为两层的办公用房，西侧为一 30 柱的经堂聚会殿。经院内的高台阶进入第二进院落，面积很大，中央为天井，东、南、西三面是二层带前廊的楼房，为办事人员办公、居住及库房所在地；北面高台上是三层的主体建筑，底层是库房，二、三层是达赖处理政教事务的地方，并设有经堂。主楼之后有一面积较大的院落，其北面又有一处三层的楼房，内设经堂、佛堂及办事、会议等用房，顶层是达赖喇嘛的居室。在此院的西面又有一纵深院落，连接前后两处院落，其北面设门，可通往东面的措钦大殿前广场。甘丹颇章曾一度成为西藏地方政权的政治权力的核心。

罗赛林扎仓与果芒扎仓的建筑均为三层，底层同样由门廊、经堂、佛殿组成。经堂为 108 柱面积，中部靠前减 6 柱，实有 102 柱，平面呈长方形。德央扎仓为 60 柱面积，中部靠前减 4 柱，实用 56 柱，平面亦为长方形。阿巴扎仓，是哲蚌寺的密宗学院，经堂面阔九间，进深七间，48 柱面积，平面为“凸”形，是寺院内稍晚于措钦大殿的早期建筑。此外，哲蚌寺内还分布有众多的康村，由经堂、佛殿及管理机构用房、厨房、库房、僧舍等组成。康村内多有三、四层的主楼，主楼与周边一、二层的裙房围合成院落，类似于贵族的宅院。

（3）色拉寺

色拉寺，位于拉萨北约 5 公里色拉乌孜山南麓。创建于 1419 年（明永乐十七年），是宗喀巴的弟子释迦也失奉宗喀巴之命所建。清代僧人额定为 5 500 人。寺院由措钦大殿、吉扎仓、麦扎仓、阿巴扎仓，以及 32 个康村组成。寺院总平面略成椭圆形，一条南北大道将其分为左右两部分，措钦大殿、吉扎仓、阿巴扎仓都位于后部，前部是麦扎仓，扎仓周围是一些僧舍、活佛拉章等。寺周有围墙环绕，占地面积约为 114 960 平方米（图 4–16、图 4–17）。

措钦大殿，建于1710年，由拉藏汗资助建造。大殿四层，南向，殿前有一广场。底层由门廊、经堂、佛殿组成，总平面为方形。经堂为 108 柱面积，中部靠前减 6 柱，实用 102 柱；其后为并列的五间佛殿。大殿二层中央为天井，前为管理用房，两侧为僧房，后部为佛殿；三、四层为寺院管理用房、堪布居室及达赖喇嘛的拉章。屋顶为歇山式金顶。

图 4-16　1957 年的色拉寺

图 4-17　色拉寺总平面

吉扎仓是寺内最大的扎仓，创建于1435年，经18世纪之时的扩建方有今日之规模。建筑南向，高四层，总平面为长方形，底层同样由门廊、经堂、佛殿组成。经堂为90柱面积，中部靠前减4柱，实用86柱，其后为并列的三间佛殿，其西侧亦有两佛殿；二、三、四层的功能布局类似于措钦大殿。麦扎仓是寺院的早期建筑，后毁于雷火，于1761年（乾隆二十六年）依原样重建。总平面布局与吉扎仓相同，仅规模略小，经堂共70柱。阿巴扎仓是该寺的密宗学院，也是寺院的早期建筑，南向，三层，经堂42柱，其后并列两佛殿。二层为僧房和佛殿，三层为达赖拉章。

**4. 拉萨城郊的其他寺庙建筑**

拉萨城郊除了三大寺以外，还分布有一些规模相对较小的寺庙。这些寺庙与拉萨三大寺一起，对拉萨城市形成环绕拱卫之势。具体内容简要如表4–3所示。

表4–3　拉萨城郊现存的寺庙

| 序号 | 名　称 | 始建年代 | 创建人 | 教　派 | 位　置 |
| --- | --- | --- | --- | --- | --- |
| 1 | 甘丹寺 | 始建于1409年（明永乐七年） | 宗喀巴 | 格鲁派 | 位于拉萨东约40公里拉萨河南岸的卓日伍齐山上 |
| 2 | 哲蚌寺 | 始建于1417年（明永乐十五年） | 宗喀巴弟子绛央曲结·扎西贝丹 | 格鲁派 | 位于拉萨西约10公里的根硌乌孜山南坡 |
| 3 | 色拉寺 | 始建于1419年（明永乐十七年） | 宗喀巴的弟子释迦也失 | 格鲁派 | 位于拉萨北约5公里色拉乌孜山南麓 |
| 4 | 帕邦喀 | 始建于吐蕃王朝松赞干布时期；11世纪末叶重建；五世达赖喇嘛执政之时扩建 | 初为松赞干布主持兴建，后弘期时博多瓦·仁钦赛主持修复，五世达赖喇嘛主持扩建 | 格鲁派 | 拉萨市北郊约8公里的乌都日山南坡 |
| 5 | 蔡觉林 | 公元1782年（乾隆四十七年） | 噶钦·益西坚赞 | 格鲁派 | 拉萨之南，拉萨河南岸本波日山西面 |
| 6 | 蔡巴寺 | 始建于公元1175年；20世纪50年代初重建 | 向·尊珠扎巴 | 初为蔡巴噶举派，后改宗格鲁派 | 拉萨东南约10公里许，拉萨河南岸的蔡公堂乡 |
| 7 | 贡塘寺 | 始建于公元1187年；1549年重建 | 向·尊珠扎巴 | 初为蔡巴噶举派，后改宗格鲁派 | 拉萨河南岸的蔡公堂乡，蔡巴寺东南约1公里 |
| 8 | 乃琼寺 | 公元7世纪 | 不详 | 格鲁派 | 拉萨西郊10公里的根硌乌孜山南麓，距哲蚌寺约1公里 |
| 9 | 普布觉寺 | 始建于公元1744年 | 阿旺降巴 | 格鲁派 | 拉萨北郊、色拉寺后山东北侧的山包 |

续表 4-3

| 序号 | 名　称 | 始建年代 | 创建人 | 教　派 | 位　置 |
|---|---|---|---|---|---|
| 10 | 桑浦寺（桑浦内邬托寺） | 公元 1073 年 | 噶当派创始人中敦巴的弟子俄勒巴协绕（勒必喜饶） | 初为噶当派，公元 15 世纪改宗格鲁派 | 位于拉萨西郊，拉萨河南，聂塘以东 |
| 11 | 惹瓦堆寺 | 公元 1205 年 | 嘉钦如瓦 | 格鲁派 | 拉萨近郊聂塘地方 |
| 12 | 格培寺 | 时间待考 | 不详 | 格鲁派 | 色拉寺与哲蚌寺之间格培吾孜山上 |
| 13 | 第瓦巾寺 | 时间待考 | 不详 | 格鲁派 | 拉萨近郊聂塘地方 |

## 第二节　其他宗教建筑及其分布

### 1. 清真寺

作为世界三大宗教之一的伊斯兰教遍布世界各地，其信众统称为穆斯林。在西藏拉萨也有伊斯兰教的传播，但是西藏本土的居民因藏传佛教兴盛之故，较少有信奉伊斯兰教者，穆斯林主要还是来自克什米尔和中原内地。穆斯林们共同恪守着古老而纯洁的教义，坚信宇宙间只有一个真主安拉，并且依照各自的理解，遵循着《古兰经》的教义。

伊斯兰教传入西藏的历史比较悠久。最早可追溯至吐蕃王朝时期，随着吐蕃军事力量向西方及西北方的扩张，在原有商贸往来的基础上，吐蕃开始同信仰伊斯兰教的大食军队有了征战往来。据《资治通鉴》记载开元五年："大食、吐蕃谋取（安西）四镇。"类似吐蕃与大食的军事联合的记载颇多，这使大食伊斯兰使者频繁往来于吐蕃，算是最早进入吐蕃的穆斯林，但主要以军人为主，他们参与了吐蕃的军事行动，还驻扎在吐蕃的险要之地。至公元 14 世纪，伊斯兰教再次从克什米尔传入西藏。当时在西藏的穆斯林形成了一个较强大的宗教社团，并且从此开始在西藏安家落户。

甘丹颇章政权时期，以格鲁派为主的藏传佛教在西藏发展到了极盛阶段，这在一定程度上阻碍了伊斯兰教在西藏的广泛传播，也阻止了当时来自拉达克方向的伊斯兰教的扩展。但是穆斯林还可以在拉萨等地经商及从事其他行业，史料中曾记载：每三年有一个穆斯林使团带着贡品从克什米尔来给拉萨当政上贡，以表明他们仍然承认西藏权威[1]。这也说明伊斯兰教在西藏的传播并不广泛，它对拉萨城市的发展影响较为薄弱。

清真寺是信奉伊斯兰教的穆斯林宗教信仰的中心，也是进行洗礼、礼拜、丧葬、节日活动等的场所。拉萨的清真寺数量不多，见于记载的仅有 4 处。

在拉萨修建的第一座清真寺位于今拉萨西郊的卡基林卡之处，清代文献中称其为卡契园："卡契园，在布达拉西五里许，系达赖喇嘛避暑处，鱼池、经堂多植名花，亦名花园。"[2]"卡契园：案在布达拉西五里许，系缠头回民礼拜之所，鱼池经堂，多植名花，亦名花园。"[3]五世达赖喇嘛之时，赏给了从克什米尔来的穆斯林使用，克什米尔穆斯林遂在此处修建了一座清真寺。今所存之卡基林卡的清真寺均为藏式平顶建筑，由礼拜堂、浴室、小教室、仓库、住房、厨房等组成。礼拜堂新建于 1948 年，坐北朝南，面阔五间，进深三间。此外，林卡内还有一处已废弃毁坏的礼拜堂，6 柱面积，据《拉萨文物志》调查其为 20 世纪 70 年代在原礼拜堂旧址山建造的，原礼拜堂始建年代不详，规模较大，约 25 间左右[4]。

小清真寺，又称克什拉康。位于今八廓街以南约 200 米处，八廓绕色巷（热色巷）与林廓南路的交界处，至今仍存（图 4-18）。20 世纪初期，因到拉萨西郊的卡契园做礼拜路程太远，克什米尔穆斯林便集资新建了这座清真寺，作为他们进行宗教礼拜活动和民俗活动的场所。新建的清真寺规模不大，平面布局不规则，南北长，东西短。建筑坐西向东，分南北两部分。北边为二层的藏式建筑，底层设有洗浴室，二层设有阿訇的住所。南边的礼拜堂为一层藏式建筑。礼拜堂门外为 4 柱的外室，供存放做礼拜之人的衣物、鞋子等，建筑面积约为 36 平方米。礼拜堂内为 16 柱空间，建筑面积约为 130 平方米。该礼拜堂最多时可容纳 150 人左右。

大清真寺，是与小清真寺相对而言的，全称"拉萨清真大寺"（图 4-19），是由从中原而来的穆斯林于康熙五十五年（1716）筹资修建的清真寺。其位置在大昭寺以东内地穆斯林的居住地河坝林区域，也即今八廓街以东 300 米的入口处。

1 房建昌．西藏的回族及其清真寺考略——兼论伊斯兰教在西藏的传播及其影响[J]. 西藏研究，1988（04）：107；参见：以色列利（Israeli R.）. 穆斯林在中国[M]. 伦敦，1980：13-14.

2［清］黄沛翘．西藏图考[M]. 拉萨：西藏人民出版社，1982：151.

3 西藏社会科学院西藏学汉文文献编辑室．西藏地方志资料集成（第一集）[M]. 北京：中国藏学出版社，1999：37.

4 西藏自治区文物管理委员会．拉萨文物志[G]（内部资料），1985：90.

这是一座汉式的回族清真寺，最初该清真寺规模较小，占地仅有200多平方米。寺内有一座四层高的塔楼，是寺庙的标志性建筑。乾隆三十一年（1766），拉萨清真大寺获得清朝政府赠送的一块题为“咸尊正教”的匾额；乾隆五十八年（1793），清朝政府派兵平定廓尔喀入侵西藏事件后，拉萨清真大寺得到清军中穆斯林军人的资助，进行了维修和扩建[1]。1945年，回民马建业经拉萨去印度之时，发现拉萨的清真寺为汉式建筑，规模宏大，其中一切结构布置也与内地清真寺相同。1959年西藏发生叛乱时，大清真寺被毁。现存的大清真寺是1960年集资重建的，占地面积约为2 600平方米，建筑面积约为1 300平方米。整个建筑组群东西长、南北短，平面布局很不规则。主要由大门、前院、宿舍、邦克楼、礼拜堂和浴室等组成。大门北向，为牌楼式木结构。大门内为380平方米的四合院。邦克楼位于寺的东北角，四层六角塔，高13米，周长13米，石木结构。礼拜堂坐西朝东，共13柱，东西长22.6米，南北宽12.6米，建筑面积约为285平方米。该礼拜堂最多时可容纳250人左右。

此外，在拉萨还有70多户印度籍穆斯林，藏族以“客籍”称之，他们也

图4-18　小清真寺（克什拉康）

图4-19　大清真寺

1 尕藏加．藏区宗教文化生态[M].北京：社会科学文献出版社，2010：187.

建有一座印度式的清真寺，规模虽小于大清真寺，但在建筑风格上极尽小巧美观之能事[1]。

表 4–4 拉萨的清真寺

| 序号 | 名　称 | 始建年代 | 位　置 | 备　注 |
|---|---|---|---|---|
| 1 | 卡契园的清真寺 | 公元 17 世纪五世达赖喇嘛之时修建 | 位于拉萨西郊的卡基林卡（清代文献称“卡契园”）内 | 该清真寺是拉萨最早兴建的清真寺。惜已毁，今所存之礼拜堂新建于 1948 年 |
| 2 | 小清真寺（克什拉康） | 20 世纪初期新建 | 位于今八廓街以南约 200 米处，八廓绕色巷（热色巷）与林廓南路的交界处 | 至今仍存 |
| 3 | 大清真寺（全称“拉萨清真大寺”） | 康熙五十五年（1716）筹资修建 | 在大昭寺以东内地穆斯林的居住地河坝林区域，也即今八廓街以东 300 米的入口处 | 至今仍存，是一座汉式的回族清真寺 |
| 4 | 印度籍穆斯林的清真寺 | 不详 | 不详 | 已毁，是一座印度式的清真寺 |

**2. 教堂**

天主教是基督教的主要宗派之一，其教义教规主要包括天主创世说、原罪说、救赎说、忍耐顺从说和三位一体说等。天主教曾在西藏拉萨坎坷地传播过一段极短的时间，但最终未能扎根生长。它对西藏城市发展的影响微乎其微。

天主教传教士最早在西藏出现是在 1661 年，有两名耶稣会士格鲁贝和道维尔从北京前往印度，途经拉萨。他们此行虽然没有得到传教的结果，但却引起了西方国家的广泛重视，因为这是一条由内陆经西藏到印度的途径。从 1708 年开始陆续有 40 多位天主教修道士来到拉萨传教，并于 1721 年在拉萨城郊建立了天主教堂。依据《发现西藏》一书中的记载，此教堂位于拉萨城郊，但是具体的位置已无处寻觅[2]。虽然弗朗西斯·贺拉斯在其著于 1730 年的《西藏概述》[3] 中也提到了当时他们的五个教堂的位置，其中有一个位于西藏境内，“第四个在西藏拉萨，

1 房建昌．西藏的回族及其清真寺考略——兼论伊斯兰教在西藏的传播及其影响 [J]．西藏研究，1988（04）：112.

2 ［瑞士］米歇尔·泰勒．发现西藏 [M]．耿昇，译．北京：中国藏学出版社，2005：56.

3 弗朗西斯·贺拉斯（Francis Horace）为作者的教名，彭纳第比利（Penna di Billi）是他的出生地，位于意大利安科纳（Ancona）边界。1730 年，由克拉布鲁斯出版，选自作者的手稿。

北纬30°20'”[1]，但是仍然无法确定该教堂在拉萨的具体位置。目前已找不出有关的材料及教堂遗迹，在大昭寺内现存有一个刻有拉丁文字的小铜钟，据称是天主教堂的唯一遗物。

天主教的传教事业极不景气，受到了来自拉萨僧俗群众的抵制。一方面，由于传教士本身的传教活动具有一定的局限性，其目标总是在上层人士身上，因而缺乏一定的群众基础。加之传教士又不断抨击藏传佛教的理论和习俗，严重损害了佛教僧人的利益。甚至曾出现部分上层僧人乘1725年拉萨河泛滥之机煽惑群众，掀起捣毁教堂和僧馆建筑以及驱赶传教士的运动[2]。另一方面，也是最根本的原因，即拉萨是藏传佛教文化的中心，人民群众受藏传佛教文化影响已根深蒂固，接受反映西方文化的天主教在思想上是有障碍的。天主教在拉萨断断续续地艰难地传播了30多年，最终还是以1745年4月传教士撤离西藏而告终[3]。

### 3. 关帝庙

关帝庙是祭拜战神关羽之庙。关羽，又称关公、关帝，三国时期的人物，大约在隋唐时期被神化为战神。据《卫藏通志》记载，早在唐代吐蕃对关公信仰就已有所接触。到了清代，清军崇信关公，进藏的清军把关公信仰也带到了西藏，并着力修建了多处关帝庙。此外，关公崇拜能融入藏区，被纳入藏传佛教护法神系列，也是有其渊源的。藏族的民族英雄格萨尔也是一位战无不胜的战神，因其形象与关公接近，故而常被混淆。正因为如此，拉萨磨盘山关帝庙、亚东及泽当的关帝庙，都曾被当地藏族群众误称为“格萨尔拉康”，这也成为关公神像易于被藏民族接纳的一个因素。

乾隆五十七年（1792）平定廓尔喀之乱后，在卫藏各地多建关帝庙。依据文献记载及实地考察，拉萨先后有四座关帝庙：一在拉萨东南，一在甘丹寺附近，一在扎什城，一在磨盘山。拉萨东南的关帝庙又称“革塞结波”，历史最早，现已完全毁圮。甘丹寺附近的关帝庙，《卫藏通志》称“旧字（应为志）内藏：拉撒东南噶勒丹寺相近，其楼阁经堂佛像，与大小昭寺相似，内供关圣帝君像……

1 [英]克莱门茨·R马克姆．叩响雪域高原的门扉——乔治·波格尔西藏见闻及托马斯·曼宁拉萨之行纪实[M]. 张皓，姚乐野，译．成都：四川民族出版社，2002：488.

2 伍昆明．早期传教士进藏活动史[M]. 北京：中国藏学出版社，1992：424.

3 王永红．略论天主教在西藏的早期活动[J]. 西藏研究，1989（03）.

达赖喇嘛岁至其地讲经”[1]。可见这是一个附设在藏传佛教主寺的关帝堂，似乎不是一座独立的庙宇。惜此处关帝庙已毁圮，无法详考。

扎什城的关帝庙距离拉萨城北约七里，紧靠扎什兵营城的南面。虽然随着扎什城兵营和衙署的废弃而被毁不存，但由清军官兵所立的扎什城关帝庙碑尚保存在大昭寺院内。据碑文记载，扎什城始建于雍正十年（1732），关帝庙修建的时间也应与此同时或稍后。修建的原因是“恭维我国家抚有区夏……幅员之广，千古罕有。举凡王师所向，靡不诚服，关圣帝君实默佑焉。唐古特在明朝为乌思藏，自圣祖仁皇帝时归入版图，驻兵扎什城，旧建有帝君庙，灵应异常，僧俗无不敬礼”[2]。乾隆五十七年（1792），福康安曾“谒（拜祈）扎什城关帝庙。见其堂室湫隘（窄小潮湿），不可以瞻礼，缅神御灾捍患”[3]，于是决定由驻藏大臣和琳于 1793 年主持重修扎什城关帝庙。扎什城关帝庙碑碑文中亦有记载：“佥议扎什城帝君庙为春秋禋祀之所，废且不葺，良用缺然。爰是琳与制府惠龄捐资庀材，取吉鸠工。命同知李经文董其役，卑者崇之，隘者拓之，有庑有堂，有严有翼，阅月而竣事，神之凭依在于是乎。”[4]其后列有资助维修扎什城关帝庙的官兵一百三十余人的职衔名讳。

磨盘山关帝庙是拉萨保存至今规模较大的关帝庙。乾隆五十七年（1792）福康安入藏后所修。依据磨盘山关帝庙碑的记载：“先是驻军前藏，征兵筹饷，谒扎什城关帝庙，见其堂室湫隘（窄小潮湿），不可以瞻礼，缅神御灾捍患，所以佑我朝者。屡著其孚格，于是度地磨盘山，鸠工庀材，命所司董其役，默祷启行，荐临贼境，七战皆捷，……凯旋之日，庙始落成。”[5]依据扎什城关帝庙碑文记载为：“大将同军回藏，度地磨盘山，创立神祠，以答灵贶。”[6]（图 4-20）

磨盘山关帝庙建于巴玛日山顶，坐北朝南。今所存建筑物尚有 800 平方米，为汉藏混合式建筑。关帝庙正南原有一山门，大门两侧各有一塑像。门内为一正方形庭院，东西筑有两层藏式平顶楼房，底层为庙僧住室，上层为接待香客之所。由庭北台阶拾级而上便是正殿，宽 12.5 米，进深近 10 米，前檐下回廊约宽 3 米，

1 西藏研究编辑部．西藏志 卫藏通志合刊[M]．拉萨：西藏人民出版社，1982：279-288.
2~6 西藏自治区文物管理委员会．拉萨文物志[G]（内部资料），1985：121-125.

图 4-20　磨盘山关帝庙

为汉式抬梁木结构，硬山式屋顶，四角为飞檐，上盖红色琉璃瓦（图 4–21）。与内地关帝庙不同的是，“文革”以前，院内东西仍存有两匹泥塑战马（内地为一匹）。主殿东西墙上镶嵌有一个大石，用以保佑建筑安稳。主殿及后殿顶脊正中均竖有藏传佛教的经幢。主殿的关羽塑像除脸部有些藏化以外，基本保持了汉地风格，而关羽塑像则近乎于藏族战神格萨尔，这大约是该庙被藏民称为“格萨尔拉康”的原因之一。

受藏地传统信仰的影响，在关帝庙正殿之后，还修了一座文殊殿，供奉的是藏传佛教信仰的文殊菩萨及莲花生大师、金刚持护法诸神、千手观音等，所以藏族称其为“加央拉康”，据恰白·次旦平措等著《西藏通史》汉译本载，这两座汉藏混合式庙宇均是同一年经清朝大皇帝及达赖喇嘛批示后兴建的。可惜庙中塑像、匾额在“文革”时或破坏，或散失。庙内现存最重要的文物是“磨盘山新建关帝庙碑”，石碑高约 292 厘米，宽 117 厘米，厚 29 厘米。碑额为二龙戏珠，中间篆刻“万季常存”的竖书汉字。碑文后题为“御前大臣领侍卫大臣太子太保武

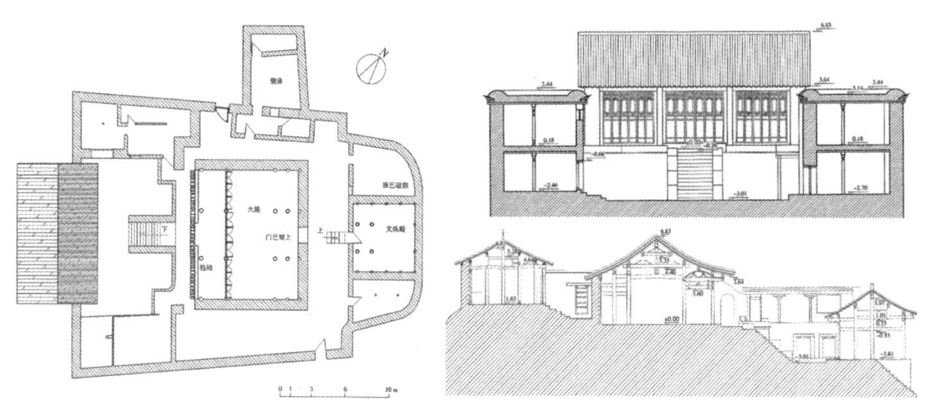
图 4–21　磨盘山关帝庙测绘图

英殿大学士吏部尚书兼兵部尚书一等忠勇公大将军福康安谨撰”[1]。

表 4-5 拉萨的关帝庙

| 序号 | 名　称 | 始建年代 | 位　置 | 备　注 |
|---|---|---|---|---|
| 1 | 革塞结波关帝庙 | 不详 | 位于拉萨东南 | 历史最早，现已完全毁圮 |
| 2 | 甘丹寺附近的关帝庙 | 不详 | 位于甘丹寺附近 | 应是一处附设在藏传佛教主寺内的关帝堂，惜已毁圮，无法详考 |
| 3 | 扎什城关帝庙 | 兴建于清雍正年间（具体时间待考） | 距离拉萨城北约七里，紧靠扎什兵营城的南面 | 驻藏大臣和琳于1793年主持重修扎什城关帝庙，惜现已毁圮 |
| 4 | 磨盘山关帝庙（格萨尔拉康） | 乾隆五十七年（1792） | 位于磨盘山（巴玛日山）的山顶 | 是拉萨保存至今规模较大的关帝庙 |

1 西藏自治区文物管理委员会．拉萨文物志[G]（内部资料），1985：126.

# 第五章 拉萨传统居住建筑

第一节 世俗贵族的府邸

第二节 平民住宅

第三节 流动人口的居住状况

## 第一节　世俗贵族的府邸

贵族是在社会上拥有政治、经济特权的阶层，藏语习惯称之为“格巴”“米扎”“古扎”。目前关于西藏贵族来源比较一致的研究观点认为，其来源主要有五种情况：吐蕃王室和大臣的后裔及各地酋长（大奴隶主）的后裔；元、明、清历代中央政府敕封的公爵、土司的后裔；历代达赖喇嘛册封的贵族；班禅额尔德尼德家属和班禅“拉章”所辖的后藏贵族；萨迦法王等呼图克图的家属及其所属官员[1]。

西藏贵族的等级结构基本上是垂直的，一脉相承的。按照藏族人的观念，达赖喇嘛及班禅活佛都是普度众生的神，所以他们处在贵族等级阶梯的最高一层，在他们之下，是层层递进和层层隶属于不同等级的贵族官僚以及他们的家庭，从而构成了政治权力内部森严的等级结构。西藏的贵族主要分为三个等级：“第本”“米扎”和一般的贵族。在贵族内部划分出大、中、小三个不同等级，区分的依据有两个因素：其一，以领地大小为中心的财富拥有状况；其二，因官爵而得到的权势大小。此外，从 18 世纪七世达赖喇嘛开始，因为清朝中央政府对达赖喇嘛家庭的赐封，贵族阶层里又出现了一个非常特殊的大贵族体系：尧西。尧西贵族的出现与其他贵族因帕谿[2]而取得贵族地位不同，他们是通过达赖喇嘛的转世而形成的。正因为尧西贵族与达赖喇嘛有着密切的关系，所以尧西贵族总是被笼罩在极其神秘的宗教神话色彩之中。尧西贵族的居住状况对拉萨的城市空间产生了一定的影响，本书亦将对其进行探讨。

在西藏，贵族与其居所的房名之间常有一种特殊的关系，理解这种关系对于解读拉萨的城市空间大有裨益。在西藏贵族社会中，个人的名字毫无社会意义，更谈不上具有特权意义，但其居所的房名却远比贵族个人的名字显得重要，它被赋予了特殊的与贵族家庭的社会地位和经济地位相关的含义，成为贵族家庭表达自己的社会地位和经济实力的一个最关键的代名词。因而贵族的居所也就成为西藏贵族一种无言的标志。所以无论是建造位于拉萨城中的府邸——“森厦”，还是兴建乡野庄园中的宅邸——“谿卡”，贵族们都会为它起一个响亮的房名。这

1 次仁央宗．试论西藏贵族家庭[J]．中国藏学，1997（01）：126

2 帕谿：藏文中“帕”为父亲，“谿”为土地，“帕谿”就是指父亲的土地，意为世袭地。

对于贵族社会来讲，不仅是解决生活起居这一基本的功能问题，也是反映贵族家庭价值取向的至关重要的问题。

修建在拉萨的贵族府邸，其房名常被辅以该家族的名称，或者是该贵族所属“帕豁”的名称。例如贡桑孜家族，又称凯墨家族，前面的称谓来源于其在拉萨的府邸的名称，后面的称谓则来源于其在雅堆地区庄园的名称。其他如擦绒、吉普、赤门等房名的来源也多出自拉萨的宅第或帕豁地的庄园名称。不过在诸如《甲子案卷》一类的官方文件中，则更多地使用庄园名称。同时，居住在同一栋建筑中的家族成员，即使他们之间缺少亲情关系，但也可同样享用共同的房名。房名连同它所带来的社会效益都被住房的占有者所拥有。如居住于拉鲁庄园内的拉鲁·次旺多杰，原为龙厦家族的后裔，后来被认定为拉鲁家族的成员，并开始居住于拉鲁庄园内，随后成为拉鲁家族的代言人。从中或可理解西藏独特的家族伦理观念。

（1）甘丹康萨

甘丹康萨，意思是极乐新屋，位于八廓街以北，约为今日北至林廓北路，南到策墨林，西抵江森夏林卡，东至小昭寺的区域，占地面积极广。整座建筑群由主楼、众多的附属建筑和林卡组成。初为吉雪第巴赠予五世达赖的一处庄园，《五世达赖喇嘛传》中曾记载1634年7月达赖喇嘛前往甘丹康萨的情景：“七月，甘丹康萨宫修复后，请我们去豁卡，我们师徒一同前往。这座庄园面对拉萨，左右方和背面是巴、占、娘、多四部的村庄，田野辽阔，在这里巡行漫步，令人心旷神怡。”[1]当时的甘丹康萨还是一派乡野气息。1642年，五世达赖将其转赠给固始汗，从此用做蒙古汗王的王府，经过维修和扩建，甘丹康萨呈现出王府的气魄。1728年，藏王颇罗鼐搬入甘丹康萨，并对其进行了大规模的改建和维修。据清朝官员王世睿撰《进藏纪程》一书的描绘：“番王颇罗鼐受封贝子，其子若婿，俱封辅国公。居于藏（拉萨）之西偏，碉楼穹隆，拾级而登，凡五层高插云表，内设氇毯趺坐，实王之巢窟也。”[2]可知1732年的甘丹康萨宫是一组藏式建筑群，主楼高达五层，颇有气势，其东面是名目繁多的附属建筑。依据《颇罗鼐传》中的相关记载还可知在甘丹康萨之西有一处“树木浓密、草坪似锦的园林”[3]，在节日期间，供人们

1 五世达赖喇嘛阿旺洛桑嘉措．五世达赖喇嘛传[M]．陈庆英，马连龙，马林，译．北京：中国藏学出版社，2006.

2 吴丰培．川藏游踪汇编[M]．成都：四川民族出版社，1985：70.

3 朵卡夏仲·策仁旺杰．颇罗鼐传[M]．汤池安，译．拉萨：西藏出版社，2002.

在此欢庆歌舞。后因颇罗鼐之子叛乱，甘丹康萨被没收充官，用做驻藏大臣衙门。驻藏大臣庆麟、雅满泰任职期间，又对其进行了大规模的改建，引水入园，形成湖沼，并建造亭台，游乐其间。后二人因之获罪，驻藏大臣衙门也进行了搬迁，甘丹康萨从此逐渐荒废，最终沦为一普通的街区，后来营造的策墨林和锡德林的林卡都曾是甘丹康萨林卡的一部分。

（2）班觉热丹

班觉热丹，意为吉祥兴旺，位于大昭寺的西边，紧靠唐蕃会盟碑，其南侧一巷之隔是多仁家族的府邸，北为今日的果玛康萨大院，其西侧则是开场的空地。建筑坐北朝南，环内院三边是三层高的平顶碉房，门窗廊柱，比较整齐有序。班觉热丹是由蒙古汗王固始汗之孙拉藏汗兴建的新王府。由三层的主楼和部分附属建筑组成，主楼基本中轴对称。欧洲传教士伊·德西迪利于1716年3月到达拉萨，曾得到拉藏汗的接见，在其著作中描绘了班觉热丹的景色："王宫坐落在主要广场的北部，它精美异常，十分坚固，还有对称分布的格子和阳台。它有三层楼那么高，用砖石坚固砌成。"[1]1717年，准噶尔军入侵拉萨，劫掠了班觉热丹。其后，噶伦康济鼐入住班觉热丹，惜在噶伦内讧之时被杀。班觉热丹遂被认为是不祥之宅，贡献给了扎什伦布寺，作为接待过往人员的公房。1882年，英国派往西藏的印籍间谍达斯在帕拉夫人的帮助下住进了班觉热丹，并记述了昔日王府的景象："班觉热丹的大门，大约有八九英尺高，五英尺宽，从门楣上挂下的饰物，约一尺半宽，在风中飘动，两根约有二十到三十英尺高的粗大旗杆，上面挂满经幡，矗立在大门的两边……从我们的窗子往外看，可以看见丹吉林旁边的沼泽地上，有一丛丛的杨树和柳树，再往西就是布达拉宫闪闪发光的金顶。"[2]1985年夏，班觉热丹因城建而被拆除。

（3）尧西贵族

西藏的尧西贵族共有六家：七世达赖喇嘛格桑嘉措的家庭"桑颇"；十世达赖喇嘛楚臣嘉措的家庭"宇妥"；十一世达赖喇嘛凯珠嘉措的家庭"彭康"；八世和十二世达赖喇嘛的家庭"拉鲁"；十三世达赖喇嘛图丹嘉措的家庭"朗顿"；十四世达赖喇嘛丹增嘉措的家庭"达拉"。吉森辛格在《拉萨平面图》中准确地

1［意］依波利多·德西迪利．德西迪利西藏纪行[M]．杨民，译．拉萨：西藏人民出版社，2004.

2［印］萨拉特·钱德拉·达斯．拉萨及西藏中部旅行记[M]．陈观胜，李培茱，译．北京：中国藏学出版社，2004：150.

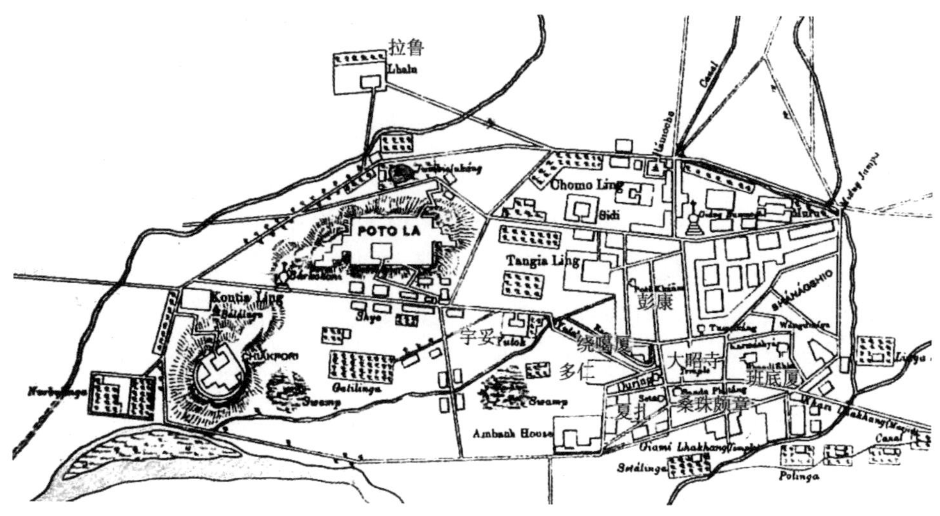


图 5-1　1878 年拉萨城内的贵族府邸

绘制出了 1878 年拉萨主要世袭贵族的府邸位置，这些贵族主要包括桑颇（七世达赖喇嘛家族）、拉鲁（八世和十二世达赖喇嘛家族）、宇妥（十世达赖喇嘛家族）、彭康（十一世达赖喇嘛家族）、多仁、色达（夏扎）、绕噶厦和班底厦。因十三世达赖喇嘛于 1879 年 5 月才举行坐床仪式，据此可以推测当时的朗顿家族在拉萨还没有府邸，与十四世达赖喇嘛相关的达拉家族也不可能出现在此图中（图 5-1）。

依据吉森辛格所绘《拉萨平面图》中所示及现场调研可知：桑颇又称桑珠颇章，位于大昭寺的南面，八廓南街上，大门朝西，主楼则坐北朝南。初为蒙古汗固始汗家族兴建的一处王府，后来为七世达赖喇嘛的家族所有。拉鲁贵族的府邸，又称“拉鲁嘎彩”[1]，位于布达拉宫以北约 1 公里处。这里地域广阔，风景秀美，离布达拉宫和罗布林卡比较近，故选址于此。英国人柏尔所著的《西藏志》中记载，因其位于拉萨郊外，“大厦四面，筑有墙垣一座，以资拱卫，以抵制猛烈之东风”[2]。宇妥家族的府邸，位于大昭寺和布达拉宫之间，靠近琉璃桥的位置，又名宇妥桑巴。主楼西边原有一处林木茂盛的林卡。十一世达赖喇嘛家族的宅院彭康位于大

1 拉鲁嘎彩：拉鲁意为神龙之地，嘎彩意为欢乐之地。在拉鲁·次旺多杰老先生的回忆录《拉鲁家族及本人经历》中这样描述：“亚谿·拉鲁嘎彩位于布达拉宫北面约二里处。该地日照良好，温度适中，春天来得早。古时，那里林木茂密，大小池沼星罗棋布，绿草如茵，风光秀丽，令人赏心悦目，所以被人们称为‘龙与神的少男少女们游乐嬉戏的林苑’，简称为‘拉鲁嘎彩’。”拉鲁·次旺多杰．亚谿·拉鲁家族的历史及本人的经历 [M]. 西藏文史资料选辑（第 10 辑）. 北京：民族出版社，1993：25.

2 柏尔．西藏志 [M]:96-98. 转引自：廖东凡．拉萨掌故 [M]. 北京：中国藏学出版社，2008：309.

昭寺的西北方向，在今北京东路的南侧，又称彭措康沙（意为美满新居），建筑坐北朝南。朗顿家族的府邸建在南郊的拉萨河边，这里原是僧官夏日游乐休闲之所，名曰仔仲林卡，府邸就建在仔仲林卡的东端，共由东西两部分组成，西面是三层的公爵府，东面是林苑别墅，其四周绿树环绕，花草茂盛，景色优美。达拉家族在拉萨的府邸，又称亚布溪达孜，位于布达拉宫以东，八廓街西北 1 公里处，这里原为一处古老的江森夏林卡。达拉府邸由两进院落组成，前院两侧是矮墙，当中为甬道和花园，矮墙以西为花圃和菜地，以东为浓郁的林卡。第二进院落由三层的主楼和二层裙房围合而成，主楼坐北朝南，整个建筑群以入口所在的轴线为中轴左右对称。

表 5–1 拉萨的尧西贵族府邸

| 序号 | 房 名 | 家 族 | 位 置 | 达赖喇嘛 | 备注 |
|---|---|---|---|---|---|
| 1 | 桑颇（桑珠颇章） | 桑颇家族 | 位于大昭寺的南面，八廓南街上 | 七世达赖喇嘛格桑嘉措 | 尚存 |
| 2 | 拉鲁（拉鲁嘎彩） | 拉鲁家族 | 位于布达拉宫以北约 1 公里处 | 八世和十二世达赖喇嘛 | 尚存 |
| 3 | 宇妥（宇妥桑巴） | 宇妥家族 | 位于大昭寺和布达拉宫之间，靠近琉璃桥的位置 | 十世达赖喇嘛楚臣嘉措 | 尚存 |
| 4 | 彭康（彭措康沙） | 彭康家族 | 位于大昭寺的西北方向，在今北京东路的南侧 | 十一世达赖喇嘛凯珠嘉措 | 尚存 |
| 5 | 朗顿 | 朗顿家族 | 南郊的拉萨河边，仔仲林卡的东端 | 十三世达赖喇嘛图丹嘉措 | 尚存 |
| 6 | 达拉（亚布溪达孜） | 达拉家族 | 位于布达拉宫以东，八廓街西北 1 公里处的江森夏林卡内 | 十四世达赖喇嘛丹增嘉措 | 尚存 |

（4）第本贵族

除尧西外，西藏最大的贵族就是第本。第本贵族拥有帕豁辉煌的家族历史，其特殊的身份更因血缘关系而得到彰显，藏族人认为他们是西藏贵族中的世袭之族。第本贵族在西藏仅有五家：“噶锡”家族（多仁家族）、“吞巴”家族（拉让宁巴）、“绕喀夏”家族（多卡哇）、“帕拉”家族（帕觉拉康）、“拉加里”家族。其中的拉加里家族是吐蕃赞普的后裔，其王府和庄园都在今山南曲松县一带，因而在拉萨没有府邸。其余四家第本贵族的府邸均在拉萨（图 5–2）。

多仁府邸位于大昭寺西门正对的位置，其南门正对多嘎府邸，因距离唐蕃会

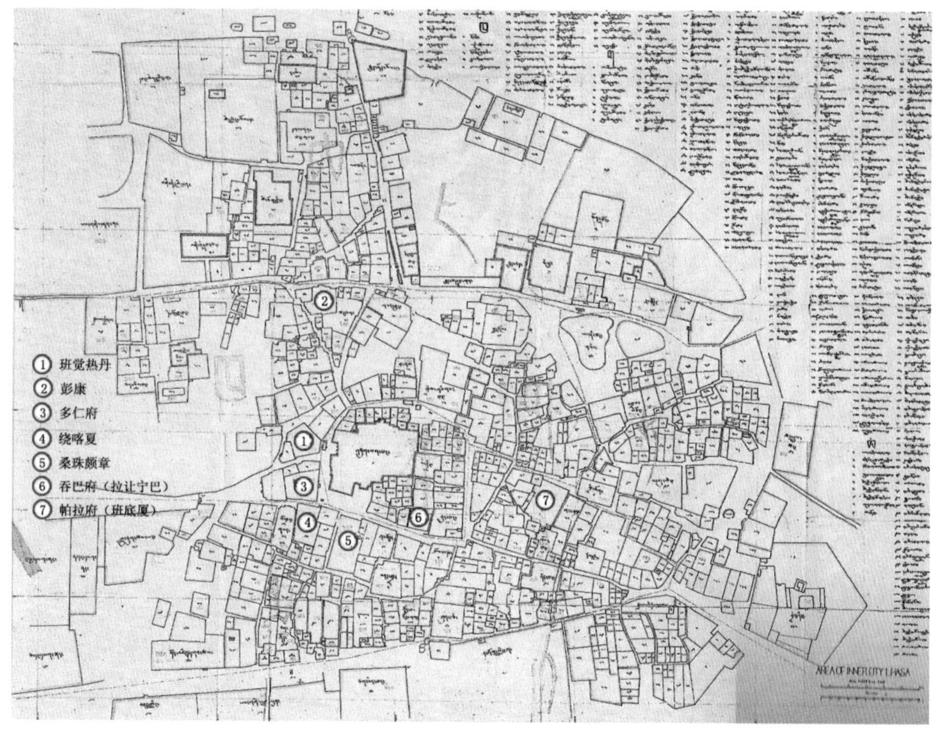


图 5-2　拉萨八廓街区域的尧西贵族、第本贵族府邸分布图

盟碑很近，故而宅名“多仁”，意为大石碑附近的房子。这里曾是摄政王达孜哇的宅院，初时宅院主楼只有两层，加上周边的附属建筑，显得狭窄寒碜。后由该家族成员多仁·丹增班觉主持扩建，在其所著《多仁班智达传》中记载了相关信息：“游乐地梅朵吉采已经作了驻藏大臣衙门，换来旧衙门拉萨北面的桑珠康萨，这里的土石木料用不上了，所以尽量利用……多仁府东南西北、上中下三层，从当年（1795）秋季开始，到翌年春季竣工，修建得很整固，一切顺利如意！”[1]后该府邸因新建大昭寺广场而毁。

第本吞巴的府邸，又称拉让宁巴，位于桑珠颇章的斜对面，今八廓南街 4 号，南与帮达仓隔街相对，建筑坐北朝南。宗喀巴大师、五世达赖喇嘛曾先后在此居住过，故而得名为“拉让”（意为旧寝宫）。公元 17 世纪，大昭寺新建了达赖寝宫，此处随即被称为“拉让宁巴”，“宁巴”即为旧的意思。此后，拉让宁巴才成为著名的藏文发明者吞米桑布扎的后裔吞巴贵族在拉萨的府邸（图 5–3）。

1 多仁·丹增班觉．多仁班智达传 [M]. 汤池安，译．北京：中国藏学出版社，1994.

绕喀夏，是多卡哇家族在拉萨的府邸，又因其在山南措那地方的帕豁之名而常被称为“多嘎”府邸。位于八廓南街的西头，北与多仁府邸相对，东边为尧西桑珠颇章府邸，在多嘎府邸的南边曾有一条小河，设有渡口，故有绕嘎夏之名，其意为渡口附近的人家。其建造时间约为18世纪中叶。

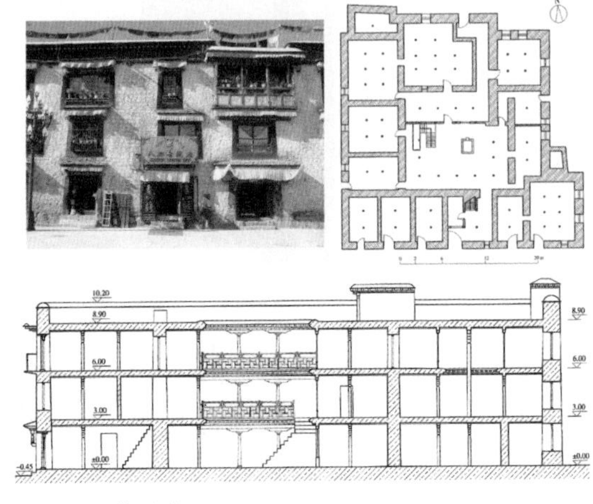

图 5-3 拉让宁巴

班底厦是帕拉贵族世家在拉萨的宅院，建造时间约为1750年，位于大昭寺以东河坝林路北侧，其东为噶玛厦神庙，北为旺堆辛噶市场，南侧有雪康府邸。班底厦由一大一小两个院落组成，进入第一扇大门是一长方形小院，为上下马、车的地方；第二扇大门朝南，入后为一巨型青石板铺地的大庭院，由三层的主楼和东、西、南三侧的二层附属建筑围合而成，主楼内另有一天井，形成了开阖有序的空间序列。

表 5-2 拉萨的第本贵族府邸

| 序号 | 房　名 | 家　族 | 位　置 | 备注 |
|---|---|---|---|---|
| 1 | 多仁 | 噶锡家族 | 多仁府邸位于大昭寺西门正对的位置 | 已毁 |
| 2 | 拉让宁巴 | 吞巴家族 | 位于桑珠颇章的斜对面，今八廓南街4号 | 留存 |
| 3 | 多卡哇 | 绕喀夏家族 | 位于八廓南街的西头，北与多仁府邸相对 | 留存 |
| 4 | 帕觉拉康 | 帕拉家族 | 大昭寺以东河坝林路北侧 | 留存 |

（依据史料和调研资料自制）

（5）其他贵族

第本贵族之下是米扎贵族。米扎贵族同样拥有帕豁辉煌的家族历史，但他们与其他贵族不同的是：米扎贵族一定是曾出任过“噶伦”[1] 的贵族。贵族等级的差

1 噶伦，藏语，是西藏政府的官职名称，最早大约出现在吐蕃王朝时期，当时的职责仅仅在于起草王令或草拟文件。至五世达赖喇嘛圆寂之后，噶伦的职责发生了根本性的改变，成为与西藏地方最高的统治者共同主政之职。

别在某种意义上也就是权力的差别，因而官职的高低便成就了贵族等级的高低之分，此类米扎贵族全藏共约有 30 多家[1]，如夏扎、擦绒、索康、噶雪巴、赤门等。此外，还有数量众多的一般贵族，如唐麦、强俄巴、琼让吉普夏格巴、鲁康哇、松托、邦达仓家族等[2]。因目前的研究成果中还没有明确的米扎贵族名单，部分贵族世家难以确认所属贵族等级，故本书仅择其要者探讨。

江洛金家族曾是西藏历史上赫赫有名的颇拉家族，其成员颇罗鼐及其长子居美次丹在清雍正、乾隆年间，曾先后被封为辅国公、镇国公，这在西藏历史上是绝无仅有的。江洛金公爵的宅院在拉萨共有两处。位于冲赛康市场以西，大昭寺北边的府邸是老府邸。初为朱康江洛金（朱康意为接待处、招待所之意），曾是昔日的高级迎宾馆，后于 1735 年开始，正式归属颇罗鼐家，改建为公爵府。二层主楼与东西两侧的一层裙房围合成宽敞的院落，大门面对大昭寺，两个侧门则分别通往东侧的冲赛康市场和西侧的青库蒙古人聚居地。另一处府邸位于城东郊仲吉林卡（俗官林卡）北侧，又称江洛金园林别墅，是 20 世纪上半叶新建的一处府邸，代表了后期府邸别墅化的布置特点。宅院共占地约 1.2 公顷，规整地划分为四个区域。宅院大门朝西，主楼位于宅院西北角，其余三个区域为菜圃和果园，园与宅融合形成一个整体，且周围有矮墙围绕。

雪康家族在拉萨的宅院也有两处。一处位于大昭寺东边的河坝林路，称为雪康宁巴，意为雪康旧宅。雪康·次丹旺秋（十三世达赖喇嘛时任噶伦、伦钦）时修建。府邸大门朝西，院内有一水井。建筑为传统的拉萨府邸建筑。老宅毁于 1959 年春。另一处位于城东的宜雪林卡，称为雪康召康，意为雪康园林别墅，修建于 20 世纪 40 年代前后。主楼为二层的白色花岗岩建筑，朝南一侧为落地玻璃窗，其前为花园，后为柳树林（图 5-4）。

夏扎府邸，又名平措康萨，位于今八廓街南面的鲁固一巷 17 号，由夏扎·顿珠多吉兴建于 19 世纪之初。建筑坐北朝南，占地 2421.6 平方米，总建筑面积超过 5 500 平方米，规模比较大（图 5-5）。夏扎贵族世家后于 20 世纪上半叶分裂为三家，即夏扎、夏苏、恰巴。其中的夏苏府坐落在河坝林路，雪康老宅之西。

擦绒家族的宅院也有两处。老宅院位于八廓街东头，绕色巷的北侧。在擦绒·达

1 次仁央宗．西藏贵族世家[M]. 北京：中国藏学出版社，2005：114-164.
2 次仁央宗．西藏贵族世家[M]. 北京：中国藏学出版社，2005:167-214.

图 5-4　雪康召康

图 5-5　夏扎府邸

桑占堆时，卖给了康巴巨商邦达仓，故此宅又称邦达仓。同时，在今林廓南路之外的夏札林卡处修建了新宅“擦绒召康”，由二层的主楼和东西两侧的西式花园别墅组成，主楼之后为林卡，新宅美观舒适，前来参观的贵族络绎不绝，由是带动了拉萨贵族从老宅搬迁至城郊新建园林式别墅的热潮。

此外，拉萨城内尚有约六七十家贵族府邸，目前尚存的约为 20 处。书中限于篇幅不再一一赘述，列表如下：

表 5-3 拉萨留存的第本贵族府邸

| 序号 | 房　名 | 家　族 | 位　置 |
|---|---|---|---|
| 1 | 江洛金公爵府 | 江洛金家族 | 大昭寺区，冲赛康市场以西，大昭寺北边的府邸 |
| 2 | 江洛金园林别墅 | 江洛金家族 | 城东郊仲吉林卡（俗官林卡）北侧 |
| 3 | 雪康宁巴 | 雪康家族 | 大昭寺区，位于大昭寺东边的河坝林路 |
| 4 | 雪康召康 | 雪康家族 | 位于城东的宜雪林卡 |
| 5 | 平措康萨 | 夏扎家族 | 大昭寺区，位于八廓街南面的鲁固一巷 17 号 |

续表 5-3

| 序号 | 房　名 | 家　族 | 位　置 |
| --- | --- | --- | --- |
| 6 | 夏苏府 | 夏苏家族 | 大昭寺区，坐落在河坝林路 |
| 7 | 擦绒府（邦达仓） | 擦绒家族 | 大昭寺区，位于八廓街东头，绕色巷的北侧 |
| 8 | 擦绒召康 | 擦绒家族 | 今林廓南路之外的夏札林卡内 |
| 9 | 盘雪 | 盘雪巴家族 | 大昭寺区，位于今小昭寺以西的石桥巷 19 号 |
| 10 | 努马府 | 努马家族 | 大昭寺区，位于今八廓东街的北侧 |
| 11 | 贡桑孜 | 贡桑孜家族 | 大昭寺区，位于八廓街以南的区域 |
| 12 | 萨多那康萨 | 不详 | 小昭寺区，位于八廓街外，大昭寺之西北方向 |
| 13 | 赤江拉章 | 不详 | 大昭寺区，位于今林廓南路与鲁布五街的巷口 |
| 14 | 邦学 | 不详 | 小昭寺区，小昭寺之东南方向 |
| 15 | 满卓 | 不详 | 小昭寺区，墨如扎仓之东北方向 |
| 16 | 章热 | 不详 | 小昭寺区，小昭寺旁 |
| 17 | 丹旺 | 不详 | 小昭寺区，墨如扎仓之东侧 |
| 18 | 冲巴夏 | 不详 | 大昭寺区，位于今八郎学一街 |
| 19 | 拉隆苏赤 | 不详 | 大昭寺区，大昭寺之北，今吉日一街内 |
| 20 | 森通 | 不详 | 大昭寺区，位于今八郎学三街 |
| 21 | 丹赤康 | 不详 | 大昭寺区 |

（注：依据《拉萨建筑文化遗产》《拉萨历史城市地图集》、实地调研绘制）

（6）贵族府邸的分布及建筑特点

拉萨的贵族府邸数量众多，且有一专有名称：森厦（Gzim-shan /“Zim-sha”）。森厦的建筑形制实质上就是将贵族在乡村的庄园（豁卡）建筑引入拉萨后的一种变体，与之相较，森厦更趋于秩序规整而已。虽然历经时间变迁，森厦多有改扩建，甚至损毁，仍有一些得以保存至今，通过实地调研和史料记载可一睹其大致风貌。

1）分布特点

西藏贵族的来源多样，其数量也多。但关于西藏贵族的统计数据，各种资料中的记载多有出入，概因时局变迁之故。据《西藏自治区概况》记载，至 1959 年西藏民主改革前，西藏的贵族共有 197 家。另据李有义、林耀华先生编写的《西藏社会概况》一书的记载：“西藏的贵族共有一百七十余家。他们的采邑、庄田，遍及全藏富饶地区……他们为了便于从事政治活动，争取官爵，一般都向拉萨集中，在拉萨城区和郊区，自建高楼大宅者约六七十家。”[1] 这段文字中不仅给出了贵族聚居拉萨的理由，也说明并不是所有的贵族在拉萨都有自己的府邸宅院，也

1 转引自：廖东凡．拉萨掌故 [M]. 北京：中国藏学出版社，2008：295.

有部分没有房子的贵族来拉萨时选择借住在亲戚家中，或者租住在公屋里。真正在拉萨拥有府邸的贵族大约有六七十家，其中包含了尧西、第本、米扎和其他一般的贵族。

西藏的贵族是有等级划分的，其在拉萨府邸的修建虽没有明确的规定，但也表现出了因等级不同而产生的选址差异。等级高的贵族府邸大多兴建在八廓街以北、以西、以南的位置，而且尽可能地与八廓街保持一定的距离，选址在风景怡人的林卡之中。一般的贵族府邸则聚集在八廓街区域内，极少数等级高的府邸选择修建在八廓街以东，因该区域内遍布市场，主要是一般贵族、商人和手工业者的居住区域。布达拉宫雪村的围墙内外也建有少量贵族府邸。

通过对各世袭贵族的考察可以发现：藏王府主要分布在八廓街以北的区域，其周边的建筑比较少，自然环境优美，呈现出一派乡野气息；尧西贵族的府邸多分布在八廓街的南、北、西三侧，还有一处拉鲁府邸位于布达拉宫以北，除了第一座尧西贵族府邸利用了旧宅邸加以修葺改建，彭康府邸的位置靠近八廓街闹市以外，其余四座尧西贵族的府邸均选址在风景旖旎之处，如宇妥府邸选址在布达拉宫和大昭寺之间的一处林卡地，拉鲁府邸兴建在布达拉宫以北的林卡之中，朗顿府邸建在南郊的仔仲林卡的东端，达拉府邸选址在布达拉宫以东的江森夏林卡；第本贵族的府邸以分布在八廓街的南、北、西三侧的为多；米扎贵族和一般贵族的府邸则散布在八廓街周边。

依据时间顺序来考察可以发现，拉萨贵族府邸的营建大致可分为三个阶段，并且在不同阶段呈现出较为明显的分布规律和特点。第一个阶段为甘丹颇章政权建立后的17世纪至18世纪初，这一阶段的府邸以对旧有建筑的维修和改扩建为主，包括蒙古汗王的王府、第本贵族多仁和吞巴等府邸在内多是如此。所以贵族府邸的选址多位于八廓街区域内，或者八廓街以北，至小昭寺之间的开敞地带内。第二阶段从18世纪颇罗鼐任藏王时开始，直至19世纪末。这一阶段以新建贵族府邸为主。其中18世纪之时新建第本、米扎等贵族的府邸比较多，其选址仍以八廓街区域为主，如绕噶厦、江洛金公爵府等。19世纪之时，以新建尧西贵族的府邸和摄政活佛的喇让为主，其位置多选择修建在布达拉宫和大昭寺之间，以及城郊的林卡开阔之地。新建一般贵族的府邸则多选在八廓街以东的区域，靠近市场，方便生活，如雪康府、霍康扎萨府、夏苏府等。第三阶段是进入20世纪后，贵族府邸的选址呈现出向城郊发展的趋势。一些贵族纷纷选择迁出城中的老宅，选址于拉萨南郊、东郊等风景秀美的林卡之处，以兴建园林式的别墅为主。此类实例以拉萨河边的江洛金别墅、擦绒召康以及东郊的雪康别墅等为代表。

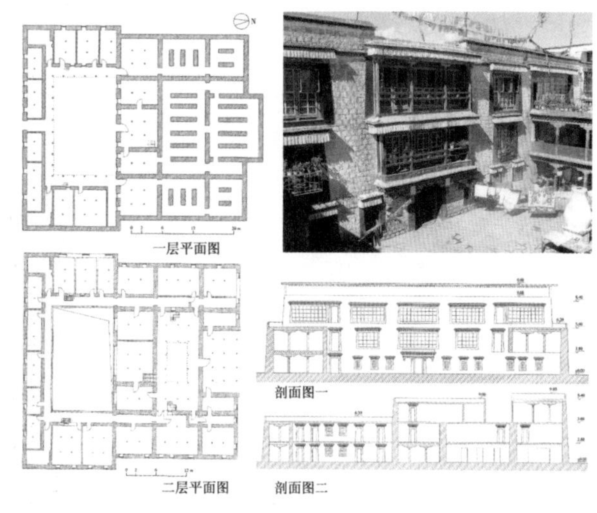


图 5-6　盘雪贵族府邸

2）建筑特点

森厦的建筑形制大体相同，通常是建筑单体围合形成的庭院式空间组合。从外观上看，森厦很容易给人一种假象，似乎只是一栋庞大的建筑单体。而实际上，它是由多栋建筑单体组合而成的，各单体之间的连接比较紧密。组合成院落空间的建筑单体主要有：三层或四层的平顶主楼，多正对宅院的入口；其余三面则均为二层的平顶裙房，周匝回廊。建筑群的主入口与主楼的主入口基本位于同一轴线上，并以此轴线为准近似左右对称（图 5-6）。

森厦的庭院式的空间组合方式与中国传统建筑的院落空间具有不同特点。中国传统建筑多为木构架建筑，建筑单体的体量不易做得过于高大，常用多栋建筑单体和围墙共同围合形成一个或多个院落空间，成为一组规模较大的建筑群（图 5-7）。院落空间内的建筑单体多依功能和礼制的需要而分别存在，各建筑单体之间的联系并不紧密。也有以回廊连接多座建筑单体从而围合成院的，但建筑单体的独立

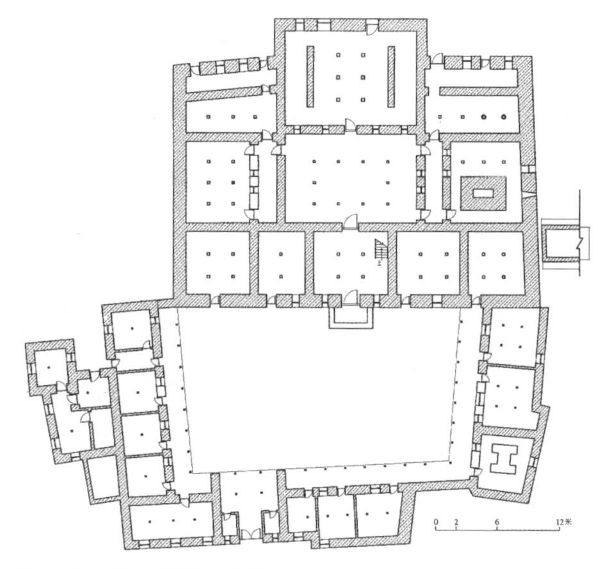


图 5-7　彭康府邸一层平面

性并没有就此被打破，回廊只是外在于建筑单体的过渡空间，使整个院落更趋于聚合而已。而森厦的庭院空间多是建筑单体的直接碰撞搭接。一般都是由主楼和裙房构成，平面略为错开，造成体块搭接。条翼以厚实的矩形块体为基调，界面略作处理，形成高低错落的格局（图 5-8）。回廊多是裙房建筑内的交通空间，也有用回廊连接各单体建筑的，实例仅见于帕拉家族在日喀则乡间的帕拉庄园。

图 5-8　彭康府邸院内一角

森厦主楼多为“回”字形的天井式平顶楼房。天井空间从底层或者二层贯穿至顶，空间不大，与前院的宽敞空间形成鲜明对比，有效地改善了建筑的通风采光。主楼内又设有面向天井的回廊，以方便房主生活。主楼朝向并不固定，或面朝寺庙，或考虑阳光、季风等因素而争取较好的朝向。观现存拉萨府邸的朝向以坐北朝南的主楼居多。主楼主要是贵族的生活起居和礼佛的空间，三、四层多为住室和经堂，也有管家的住房位于主楼内的，

图 5-9　迪吉林卡内的擦绒召康

但通常多设于二层的裙房之中。在裙房中多安置有佣人的住房、厨房、仓库、牲口棚以及少数手工作坊等。一般建筑的底层用做仓库、牲口棚，二层安置厨房、住房等。

贵族除选择在城区建造豪华坚实的宅邸之外，也常在城郊营建休闲消夏之宅，类似于汉族的宅园或别墅。这种贵族用于消夏的宅园，通常由主楼与林园两部分组成。主楼或与林园相对独立，即在主楼附近的开阔地段辟地造园，园林与主楼各自成体系，周边矮墙围绕；或主楼融于林园之中，尤以甘丹颇章政权晚期在拉萨城郊修建的贵族宅园为代表，如江洛金别墅、擦绒贵族在迪吉林卡修建的擦绒召康等（图 5-24）。

## 第二节　平民住宅

（1）分布特点

随着拉萨城市的发展，商人、手工业者、民间艺人和平民百姓迁居拉萨的人越来越多，这座城市逐步形成了一些具有地方特色的居住区。大昭寺正对着的方向是青海人营地，也即现今藏医院一带，常因其所搭的毡房而被称为“青库”；小昭寺周围，既是藏北牧民的聚居地，因驻扎的帐篷群而又称“霍冲”，同时，这里也是乞丐的聚居地；八郎学一带则是康巴人的居住区，因康巴人多住在黑牦牛帐篷里，故名八郎学。八廓东街的北端是尼泊尔商店群，集聚了大量的尼泊尔人在此居住，成为尼泊尔人的聚居区。南端是汉商店，有商号和中药铺，经营者一般是云南商人和北京商人，成为

图 5-10　达东夏天井

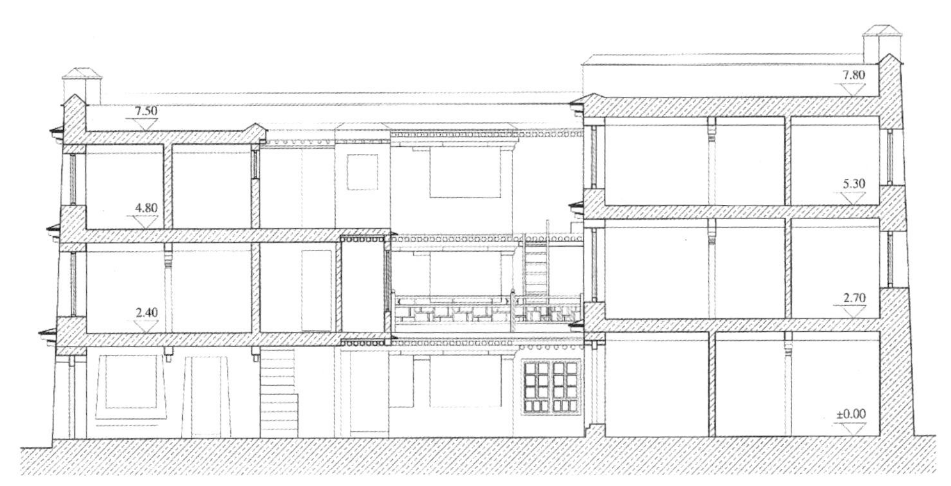


图 5-11　达东夏剖面图

汉族人的聚居地。拉萨的穆斯林分别来自不同的地域，并依此分别居住在拉萨城内的不同区域，且分别建有清真寺。来自汉地的穆斯林主要居住在城东的河坝林区域，藏族人称之为“甲卡基”；而来自克什米尔等地的穆斯林则主要居住在八廓街南侧，藏族人称之为“拉达卡基”。

（2）建筑特点

与森厦是贵族宅院的专有名称，喇让是活佛宅邸的专有名称一样，平民住宅也有专属的名称：果热、康帕，这是平民住宅中不同的两种类型。

果热（Sgo-ra / “Gora”）：庭院宅院。普通住房的一般术语。通常由几个相连的庭院组成一个大院落，可能是从商队的客店演变而来，因为拉萨总有大量流动的贸易商。这些建筑物过去往往归寺庙所有，并由寺庙收取租金。建筑注重实用功能，一般为两层或三层高。拉萨城内的此类住宅比较多，实例如位于卧堆布巷 4 号的达东夏，建筑坐北朝南，三层，围合成院落，有一天井（图 5-10、

图 5-12　北京丛康内院

图 5-11）。

康帕（Khang-pa）：普通家庭的独立住房。这种较小的建筑物有三种类型：一种是贵族夏季宅院；一种是手艺人、商人、小生产者或退休官员家庭的住房，还有一种是小商店（丛康 Tsong-khang）通常一楼用做店面，二楼用于居住。这些建筑通常仅一层或两层高。此类住宅的实例如位于八廓东街 17 号的北京丛康，以及与其相连的位于八廓东街 15 号的果赤丛康（图 5-12）。

## 第三节　流动人口的居住状况

政教合一制度下的甘丹颇章政权赋予了拉萨更多的城市功能，不再是单纯意义上的西藏的政治、经济、文化中心，更是支撑藏族居民精神世界的核心之城。拉萨有着西藏地区最为特别的上层建筑，就像磁体一样吸引着或远或近的佛教信众，不辞辛苦，不畏万里，前来朝拜。也正是由于这项特殊的城市功能，使拉萨成了一个巨大的人口集散地，市内流动人口常常多于常住人口。因而在关注拉萨居住区的分布状况之时，流动人口在拉萨的居住情况也属研究的范畴。

拉萨的流动人口可分为三类：一是常年从各地纷至沓来的朝圣信众。这部分人口以藏族居民为多，且也多来自西藏各地，他们多是自愿、自发地前来朝圣，没有具体的时间等因素限制。二是往返于拉萨与各商品经销地之间的商人。诚然商人中也不乏虔诚的佛教信徒，但因其从事商业职能的独特性而单列一类。三是在拉萨举行重大宗教活动和庆典活动之时，必须前来参加的僧俗信众。综观这三类流动人口，虽然他们都拥有共同的特质——流动，但是前两类流动人口与第三类相比，仍然呈现出了相对稳定的趋势。前两类的流动人口，人来人往，常年如此，其在拉萨的人口量基本持平，不会有太大的起伏和波动。而第三类流动人口常常在一段时间内，突然聚集涌往拉萨，城市的人口总量因此急剧上升，使拉萨城在这一段时间内处于过渡饱和的状态。而当这部分人离去，就如同潮涨潮落一般，拉萨的人口总量又迅速回落，呈现出动态的变化过程。因而第三类流动人口对拉萨的城市居住空间带来极大的负荷和影响。最典型的例子如在拉萨传召大法会期间西藏各地的僧侣们齐聚拉萨，这些仅在一段时间内大量汇聚的流动人口，必然引起拉萨城市居住空间的变化，甚至更深层次地影响城市内部结构，因而值得关注。

（1）商人、朝圣者的寄住方式

拉萨城内有一些属于公用性质的建筑，以及一些用于商业的租赁用房，但这些建筑多属于寺院、贵族、官府和部分商人，以流动人口为主体的外来人员一般选择租住在这些房屋之中。例如位于大昭寺以东河坝林路的雪康府邸，其庭院东面和南面的二层裙房，一部分供家人使用，一部分则提供给亲戚和庄头、差户等进城时暂住。位于八廓南街鲁普巷的夏扎府邸，每年接待来自其本家所属藏北朗如三部落的霍尔巴人来拉萨交租，他们或住在府邸的一、二层裙房内，或者就在夏扎府邸院内的石板上搭起帐篷，支灶做饭，亦常有流动的女商贩到院内和霍尔巴人做生意，此时的夏扎府邸大院如同一处露天市场。这是贵族府邸接待流动人口的实例。位于八廓街东部的德林康萨，约建于 1900 年，归日喀则的扎什伦布寺所有，主要供出租之用。从这栋建筑的空间布局上即可知其带有出租的性质。与普通的拉萨宅邸由主楼和二层裙房围合庭院空间的布局不同，德林康萨没有主楼与裙房的分别。它位于八廓东街和错纳路交界的三角形地段，沿地块周边修建了以二层为主的商住类建筑，一层用做商铺，面向两条街道开敞，二楼以上是生活起居之所，共有约 24 个单元，其内设有两个狭窄的庭院空间。这是寺院房产用于出租的实例。也有实力雄厚的外来商人在拉萨置有宅院，邦达仓就是其中最为著名的一例。

此外，拉萨城内还有大约九家公共或私人马厩（音译“达热”），例如贡桑孜达热、夏禹达热等，能提供简单的水草饲料，人也可以在此寄宿。马厩客栈的来历推测可能是西藏古代相延下来的兼具堆货、炊茶、客舍形制的综合市肆，也可能与康定地区的“锅庄”有一定的联系。在鲁固和小昭寺附近居住的大多也是流动人口，这里位于城郊地带，因而有大片的空地可以安置外来的商人马帮和大宗货物。民主改革之前，这里不仅有拉萨人自家的大宅院可以提供给商人居住，也有藏北游牧民开办的几家简易骡马店，能接待数量庞大的外来经商之人。

前来拉萨朝圣的香客和流动的商人等也常在城郊的林卡中或田野空地上搭建帐篷用于居住。例如从康区来的康巴商人在八郎学一带卖茶砖，常喜欢在此处搭建帐篷。从牧区来的香客一般也自带帐篷，住在拉萨周边收割完的青稞地里。

（2）僧侣的寄住方式

传召大法会期间，僧侣云集拉萨。他们在拉萨的居住方式大致可分为两种。

第一种是部分寺院在拉萨拥有固定的接待房屋，或者在拉萨拥有附属的寺院。

尤其是各大寺院在拉萨购买或新建了不少出租住房，如有重大宗教活动和仪典，僧人们到拉萨时可以居住其中，其他时间则可对外出租。根据1956年统计的数据表明，拉萨三大寺在拉萨市内就有房屋近百院。具体实例如位于卧堆布巷4号的达东夏，建筑坐北朝南。从昌都而来的活佛强巴与活佛龙冬曾先后在此处居住过，两人相识后达成共识，共同购买了此处住所，以备每年传召大法会时居住之用。其后历年的拉萨传召大法会期间，两位活佛及其随从喇嘛们都住在此处，平常则供普通百姓居住。又如同样位于卧堆布巷的热堆康赞，建筑坐西朝东，是热堆寺僧人来拉萨参加传召大法会期间的住所。此外，位于今八廓北街的起点，直接毗邻大昭寺北侧围墙的扎其夏，约建于19世纪，归色拉寺所有，是色拉寺僧人来拉萨的住所，顶层供僧人居住，底层则出租给商人。扎其夏面向自由的内庭院开敞，其不规则的三角形建筑布局对于探究传统藏式建筑与城市街巷之间的关系颇有意义。

第二种是一些小寺院没有足够的资金在拉萨置办房产，寺院的僧人不得不选择租住房屋，或者在城内外的林卡中安营扎帐。19世纪中叶后，来华的法国遣使会士古伯察就曾在其著作《鞑靼西藏旅行记》中记载了1846年拉萨传召大法会时期的情景："那些没有在私人家宅及公共建筑中得到安排的人，便在广场上和大街上支起一片帐篷营地，或者是在旷野中支起他们的旅行小帐篷。"[1]

（3）官方客人的寄住方式

官方客人也属于拉萨流动人口的一部分，他们在拉萨的寄住方式非常特殊。西藏政府要负责接待这部分官方客人，其待客方式大致可分为两类。第一类是接待高级别的官方工作人员，通常噶厦政府会专门选派一至两位七品孜仲接待官来做具体的接待安排工作，并通过向贵族签发、张贴"采尔厦"这一特殊文告的方式，告之被选中的贵族用其府邸承担接待官方客人住宿的任务。例如，1936年国民政府蒙藏委员会委员长吴忠信等赴藏主持十四世达赖喇嘛坐床典礼之时，就借用了贵族色兴家的别墅。"会议决定：借用贵族色兴家的别墅，即行修缮粉刷；新制桌椅床铺和炊具，并按以往惯例向各寺庙、各大贵族借用所需之高级器皿；所需柴草，由我们提出预算，由噶厦命令各宗、谿，限期向指定地点交送；所需经费、木柴，向噶厦支领等。""当色兴家的别墅交接完毕后，我们即动工修缮粉刷，

1 ［法］古伯察．鞑靼西藏旅行记［M］．耿昇，译．北京：中国藏学出版社，2006：504.

整个院落还安装了电灯。”[1] 由是可知，贵族府邸是官方客人的主要寄住之所。第二类是普通的官方办事人员，西藏地方政府也常为其提供住宿。布达拉宫雪村内的马厩大院就是西藏地方政府接待各地办事人员的主要住宿场地。办事人员出行的方式多以骑马为主，因而提供拴马的场所，并且为马提供简单的水草饲料均为接待内容，办事人员则可在马厩大院周边的屋内寄宿。

（4）流浪人口的寄住方式

甘丹颇章政权下的拉萨城内还生活着为数众多的流浪艺人、乞丐和无家可归者，因贫困之故，没有居所可住。常住在琉璃桥底下、林卡中、八廓北街的“噶林积雪”佛塔底层 等。“噶林积雪”四门白塔底下，有四个窑洞般的通道，通道内常住满乞丐。大昭寺西面的鲁普广场，小昭寺附近，也都曾是乞丐们聚集之地。甘丹颇章政权下的拉萨城内有大量乞丐的存在，一是源于沉重的乌拉差役，他们不得不沦为乞丐；一是源于信佛之人的施舍传统，使他们愿意汇聚于佛教信徒众多的拉萨。其中又有一类比较特殊的乞丐，呼其为“热结巴”，地方政府会征调这些人修筑河堤以预防水患，清理市场，更换八廓街上的大旗杆经幡，甚至收敛拉萨各处的尸体等。然而政府并不会给他们报酬，更不会安排住处，只给予他们乞讨的权利，故而成为拉萨城一景。

1 西藏自治区政协文史资料研究委员会．西藏文史资料选辑（第二辑）[M]．北京：民族出版社，1984：40.

# 第六章　拉萨林卡

第一节　林卡的发展状况

第二节　林卡的类型及分布

第三节　林卡营造的城市公共空间

## 第一节　林卡的发展状况

拉萨城内外的林卡数量众多，但其存在的历史并不悠久，概因早期拉萨地区的气候条件之故，不可能存活大片自然生长的茂盛树林。现存林木多为后人长期精心栽植培养的结果。西藏特殊的地理位置以及恶劣的自然环境，使藏民更加珍惜和爱护森林树木。西藏的土著宗教苯教文化中即有“万物有灵”的观念，这种观念成为藏民思想观念中的根基，使他们对自然界的生物怀有情感并加以细心保护。随着佛教文化的传入与兴盛，佛教文化中“灵魂不灭”的思想与“万物有灵”的观念不谋而合，相辅相成。广大藏民在这些宗教思想的长期熏陶下，滋生了自觉爱护树木花卉、保护自然环境的意识，这对于林卡的存在和发展而言无疑具有重要的意义。

早在帕竹政权初期，大司徒绛曲坚赞就强调过要植树造林，他在自己对今后诸事的嘱咐中曾强调：“在我们全部土地和势力范围内，每年要保证栽种成活二十万株柳树，要委派守林人验收和保护。种树的好处是：（木材）是维修本政权所属寺院、修葺寺属与非寺属百姓破屋、船只的必不可少的物资，人人要管好无穷无尽的宝藏——发菩提心和植树。由于所有的地方和沟谷林木疏落，所以划分休耕地要根据时令季节，不要拔除树根，要用锋利的镰刀和工具划界，划界后要种树。”[1]绛曲坚赞对植树造林的重视，无疑为西藏自然环境的改善起到了极大的促进作用，同时也为后世之人留有余香。据此推测当时拉萨也应栽植了不少树木。

发展至甘丹颇章政权时期，林卡有了一个质的飞跃发展过程，出现了传统意义上的园林。这段时期拉萨的造园活动比较盛行，从原始的纯以利用自然山川林木的园林活动，逐渐与人工造园相结合，并开始考虑造园技巧和造园意蕴，可称为园林大发展的时期。但是这一时期的园林的功能仍比较单一，一般均为寺庙辩经和贵族、平民消夏之用，有的甚至还带有生产意义的性质，观赏仅居于次要的地位。

同时，这一时期的林卡营造受中原内地的影响比较深，主要表现在两个方面：一是受清廷造园热情的感染，二是中原内地造园思想的输入（图 6-1）。清朝在

1 大司徒绛曲坚赞．朗氏家族史[M]．赞拉·阿旺，佘万治，译，拉萨：西藏人民出版社，1989：253.

图 6-1　罗布林卡壁画：颐和园

基本继承了明北京建筑的基础上，在北京留下了鲜明的烙印，其中包括西郊皇家园林的营造。清康熙帝首先在海淀经营了畅春园及一部分王子赐园，继之雍正帝开始经营圆明园，至乾隆帝时，结合西郊水利建设，先后建造了香山静宜园、玉泉山静明园、万寿山清漪园，同时扩建圆明园，连同畅春园共称“三山五园”。西郊园林的营造不仅深刻地改变了北京的城市风貌与空间格局，也影响了远在西南边陲的拉萨。以同样位于城市西郊的拉萨的罗布林卡为例，其兴建就得了清廷的支持，与西郊的拉鲁湿地的林卡、拉萨河沿岸的林卡等共同构成了以罗布林卡为主体的西郊风景园林区。驻藏大臣依据朝廷旨意为七世达赖喇嘛在罗布林卡修建了乌尧颇章。这是罗布林卡修建园林建筑之始，也是受内地造园思想的影响之始。其后的八世达赖喇嘛执政之时，在罗布林卡中增建的鲁康奴（西龙王宫）和措吉颇章（湖心宫）等园林建筑就部分地采用了汉式做法。鲁康奴（西龙王宫）的重檐四角攒尖顶，檐下施斗栱，屋顶飞檐翘角。措吉颇章（湖心宫）的黄琉璃瓦歇山顶，木构架，建筑细部如青灰大理石雕刻的栏板、望柱、木雕槅扇以及彩绘等。此外，还以措吉颇章（湖心宫）为中心，营造了颇似内地古典园林“一池三岛”的布局方式等，都反映出了中原造园思想的输入（图 6–2）。

后弘期佛教文化的兴盛，也为植树造林的活动增添了更加神圣的含义。寺院通常大力提倡栽植树木，从寺院的僧居园（辩经场）中可窥见一斑。其次，在寺院的周围通常都会有林卡地的存在，寺院的僧人会对其进行照顾和管理。拉萨周边的哲蚌、甘丹和色拉三大寺的寺内都存在树木繁茂的辩经场，且在其周边亦多有大片林卡地的存在，均可算为例证。佛教文化的义理在园林建筑的功用、园路的铺建、花木的选择、装饰的选用上等都有不同程度的反映，花卉除了一般意义上的欣赏价值外，还具有宗教上的象征意义，从而成为人们供养的对象。

图 6-2　罗布林卡：湖心宫与西龙王宫

细观甘丹颇章政权时期的拉萨园林建设活动，主要包括三个方面：一是新建了以宗角禄康和罗布林卡为代表的独立的行宫园林。在林卡中兴建园林建筑就始于宗角禄康中龙王宫的建设。关于兴建宗角禄康和罗布林卡的记载较多，本书将在行宫园林一节中做归纳阐述。

二是营建了部分作为寺院和贵族府邸的附属设施而存在的园林。尤其是甘丹颇章政权中后期，在拉萨修建的各大活佛喇让之中，均有林卡，园内郁郁葱葱，花草茂盛。到了晚期，拉萨贵族开始兴起在城郊修建附带林卡的宅院式住宅的热潮，其修建用意与中原内地的别墅颇为类似，常用做主人消暑避夏或休闲娱居之所。林卡的营造意境倾向于自然野趣。在林卡中除了建供主人居住的藏式传统房屋以外，常遍植花卉树木，并用矮墙环绕。与中原内地园林的精心打理不同，拉萨城郊的林卡常给人留下一种无人管理的印象，林卡中的景致充满野趣而少有人工雕琢的痕迹。如以晚期擦绒夏本位于拉萨河岸的迪吉林卡为例：“用矮墙围起来的院子里，种满了桃树、玫瑰和蜀葵。当我们到达那里时，院子里正怒放着粉红的桃花和雪白的野梨花。玫瑰丛正在萌发新芽，芍药也是一样，所有的一切都是无人管理的，呈现一派野趣。玫瑰也无人修剪，长长的枝条都乱蓬蓬地纠缠在草地的上方。”[1]

三是沿拉萨河岸栽植了成片的树木，培植了沿拉萨河堤的绿化带。从拉萨南郊流淌而过的拉萨河，是拉萨主要的水系，拉萨市内的多条小溪多汇集于此。拉萨的季节分干湿两季，每当雨季之时，拉萨河水泛滥，拉萨河堤需要不断地修葺加固。“河堤两岸的草地、灌木和树丛组成了一条‘绿化带’。这是当年的驻藏大臣张荫棠倡导种植的。作为纪念，称之为‘张’绿化带。”[2]

## 第二节　林卡的类型及分布

拉萨城内外的林卡分布广泛。吉森辛格绘制的《拉萨平面图》真实地展示了1878年拉萨的大致面貌，图中也比较确切地绘制出了多处林卡的位置和大致规模，其中注有名字的有12处，它们分别是：宗角禄康、诺布林卡、噶底林卡、噶协林卡、色达林卡、齐东林卡、多仁林卡、多热林卡、波林卡、多甲林卡、噶玛夏林卡和札奇林卡（图6–3）。另有附属于喇让的林卡5处，包括丹吉林、策墨林、贡德林、锡德林和策觉林。罗布林卡则没有出现在制图范围内。图中仅简单标注为树林、林卡的共有5处，没有标注出的共有16处。图中也绘出了当时拉萨主要贵族的

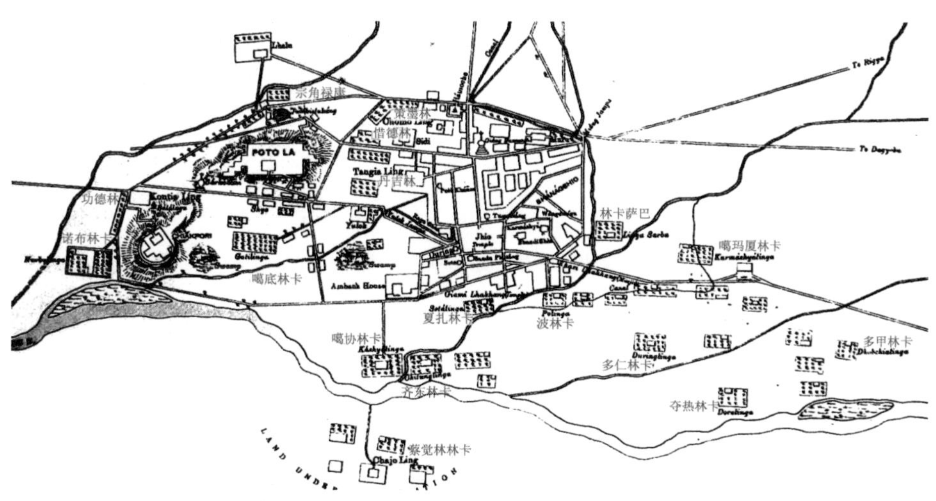


图 6–3　拉萨林卡分布图

1 [英]亨利·海登，西泽·考森．在西藏高原的狩猎与旅游[M].周国炎，邵鸿，译．北京：中国社会科学出版社，2002：71.

2 沈宗濂，柳陞祺．西藏与西藏人[M].柳晓青，译．北京：中国藏学出版社，2006：202.

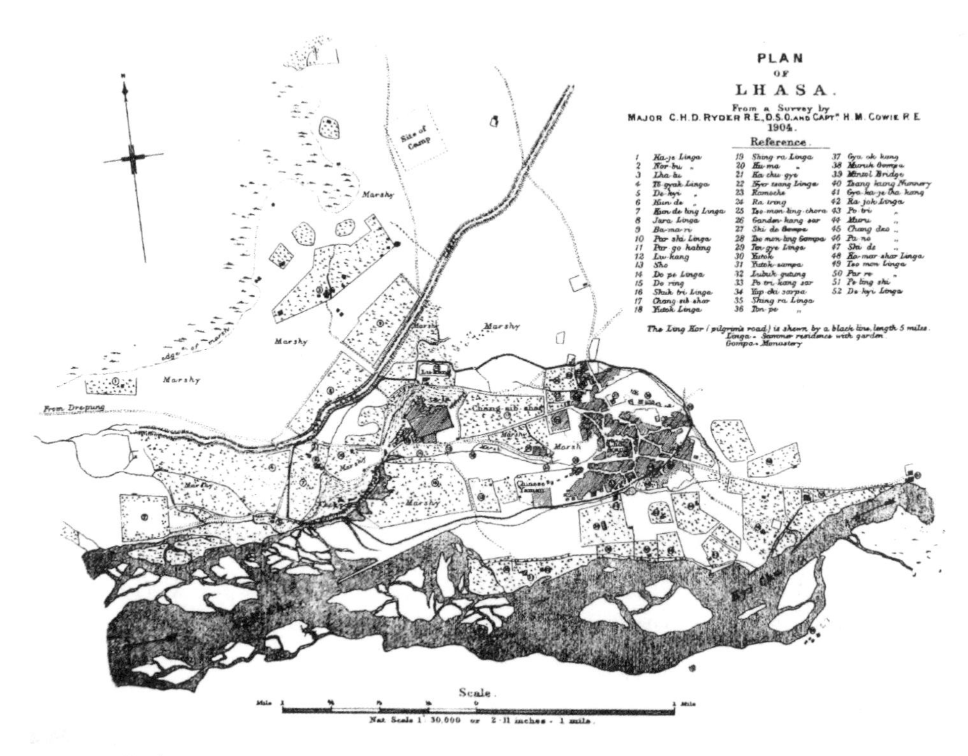


图 6-4　拉萨平面

府邸位置，其中的部分府邸也修建有附属的林卡，如拉鲁、宇妥等，另有沿拉萨河修建的府邸林卡已包含在统计之中。综上所述之林卡共有 35 处之多。

C.H.D. 瑞德和 H.M. 高巍都是英国入侵西藏的远征队成员，在他们经过实地观测所做的调查报告中也绘制有一副“拉萨平面图”，图中命名并确定了 52 个位置，其精准程度在近 50 年中一直无出其右者，图中个别不准确的地方表明二人从未进入过罗布林卡。该调查报告由皇家地理学会于 1904 年出版，是一份比较真实的拉萨调查资料。这份拉萨平面图中绘有大面积的绿化图示，主要集中在沿拉萨河北岸、布达拉宫以北、药王山以西，以及大昭寺和布达拉宫之间的区域。绿色图示表示的内容多为林卡所在，其中包含了宗角禄康、罗布林卡，共有 52 处之多（图 6-4）。林卡所占的面积与建筑所占面积的比值约为 5:1，拉萨俨然是一座花园城市。

实际上，拉萨城内外的大小林卡数量众多，除了前文所提到一些有名字的林卡之外，还存在许多没有名字的小林卡。1956 年统计的数据表明拉萨大小林卡约 160 多处。《西藏风物志》中记载：“如拉萨大小林卡就有 50 多处，占地约 7 800

余亩。”[1]著名的有罗布林卡、宗角禄康、仔仲林卡（僧官林卡）、仲吉林卡（俗官林卡）、修冲林卡（专门选拔甘丹赤巴的考场）、热果林卡、尼雪林卡、雄噶林卡、德吉林卡、恰佐林卡、迪吉林卡、江森夏林卡、鲁浦林卡、江罗坚贵族庄园林卡、尧西林卡、扎基林卡、卡基林卡、锡德林卡、甲玛林卡、洛堆林卡（今为烈士陵园）等，林卡里绿草茵茵、流水潺潺、环境优美。下文择其中比较有代表性的园林作以介绍。

现有的关于藏式传统园林的研究成果通常是按园林的隶属关系进行分类，将其大致分三种类型：行宫园林、寺庙园林和庄园园林。然而依据前文的分析可知，林卡的含义要广泛得多，一片树林也称得上是林卡，且这类林卡在拉萨城内外分布最广，数量最多，但是此类林卡多是自然之景，少有人工构筑，所以本书仅对前三种类型的园林进行较详细的探讨。

**1. 行宫园林**

行宫园林作为达赖和班禅的避暑行宫，多建在前藏的拉萨和后藏的日喀则，营造时间开始于甘丹颇章政权中期。因为有着雄厚的经济实力和权力的支持，行宫园林的规模通常比较宏大，内容最为丰富，堪称藏族园林艺术的集大成者。行宫园林的建筑因使用功能的不同而类型多样，如经堂、佛殿、书室、辩经台、宫殿、观戏楼、库房、马厩、花房，还有亭、阁等。建筑造型多样，变化丰富，增添了园林内的景致。

行宫园林内栽植的花草树木品种相当繁多，不仅有当地的乡土树种，也有引进的外地名贵花卉树木。例如仅罗布林卡现有的各类树种就达162种之多[2]，其中不乏珍稀植物，如八仙花、文冠果、喜马拉雅巨柏、大果

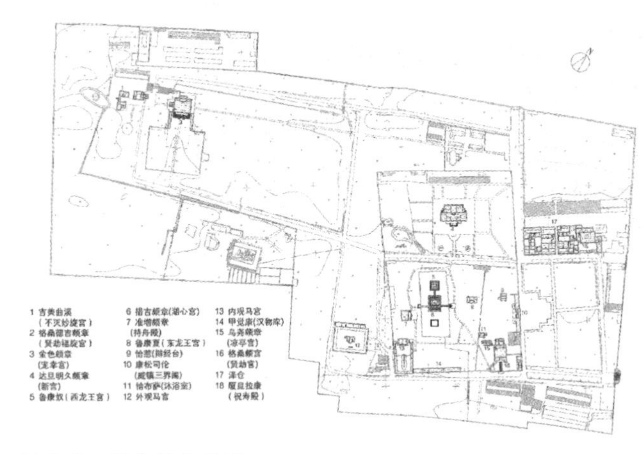


图 6-5 罗布林卡平面

1 西藏风物志[M]. 拉萨：西藏人民出版社，1999：129.

2 汪永平 . 拉萨文化遗产[M]. 南京：东南大学出版社，2005：75.

圆柏、热带植物箭竹、合欢、雪松等。位于拉萨西郊的罗布林卡，以及布达拉宫之阴的龙王潭都可称为行宫园林的典型实例。

罗布林卡，藏语意为“宝贝园林”，位于拉萨西郊的拉萨河北岸，距离布达拉宫约三里许，占地约 36 公顷（图 6-5）。罗布林卡是达赖喇嘛专用的园林，即夏宫。通常达赖喇嘛在亲政之前多居住于此。执政之后，每年藏历三月从布达拉宫移居罗布林卡，至藏历九月底或十月初返回布达拉宫。其功能布局主要围绕达赖喇嘛的需求而设，包括三个方面：政治活动、宗教法事和休息游乐。实用性和风景性在这里得到了有机的融合。

罗布林卡是藏式园林艺术的杰出代表，体现了宫殿建筑与园林的完美结合。其营造布局可大致分为两部分：东部由宫殿区、办公区、戏台和榆林园四部分组成；西部由宫区、杏园和草地三个景区组成。罗布林卡内园林建筑的比重比较大，其中仅主体建筑就有 15 处之多，不仅有藏式风格的建筑，也有藏汉结合的建筑，在藏式传统装饰艺术的映衬下熠熠生辉（图 6-6、图 6-7）。此外，注重绿化是西藏造园的传统，罗布林卡内的绿地覆盖率达到全园总面积的 83%，形成了良好的小区气候和生态环境。

图 6-6　罗布林卡：达丹明久颇章

图 6-7　罗布林卡大门

表 6-1　罗布林卡营造表

| 时间 | 达赖喇嘛 | 建筑营造 | 备注 |
| --- | --- | --- | --- |
| 17 世纪 | 五世达赖喇嘛 | 搭建帐篷 | 罗布林卡已经存在，又称“拉瓦采”（灌木丛林之意），呈现出的是自然野趣 |
| 18 世纪 | 七世达赖喇嘛 | 乌尧颇章（又称帐篷官、凉亭官） | 清政府授权驻藏大臣为七世达赖喇嘛修建，是罗布林卡建园之始 |
| 1775 年 | 七世达赖喇嘛 | 格桑颇章（又称贤劫官） | 从七世达赖喇嘛开始，罗布林卡成为历代达赖喇嘛的夏官 |
| 1781 年 | 八世达赖喇嘛 | 辩经台、鲁康奴（西龙王宫）、措吉颇章（湖心宫）、主曾颇章（持舟殿）、宫墙等 | 种植了大量的花草树木。罗布林卡开始具有园林规模 |
| 19 世纪 | 九世至十二世达赖喇嘛 | 无 | 进行过一些修正 |
| 20 世纪初期 | 十三世达赖喇嘛（1805—1933） | 其美曲溪颇章（不灭妙旋宫）、金色颇章（宠幸宫）、格桑德奇颇章（贤劫福旋宫）和其他附属建筑 | 完善了格桑颇章与措吉颇章两个景区，规划兴建了金色林卡。全园的围墙也全部砌筑完成 |
| 1954—1956 年 | 十四世达赖喇嘛 | 达旦米久颇章（俗称新宫） | 至此形成了罗布林卡今天的规模 |

图 6-8　龙王潭：龙王宫

龙王潭，藏语音译禄康，清代文献中常称之为禄康插木。位于布达拉宫山阴，是布达拉宫的有机组成部分。园林顺依山势灵活布局，平面呈不十分规则的多边形。园林占地面积约为 156 000 平方米。园林潭水中有一孤岛，呈不规则圆形，直径约 42 米。岛上按照坛城的模式建有一处阁楼“龙王宫”，建筑三层，南向，屋顶为六角攒尖顶，建筑结构合理，以斗栱承檐，建筑构件装饰精美（图 6-8）。在林卡中营造建筑之始概源于此也。又有一五孔石拱桥，连通孤岛与陆地，桥长 24.67 米，宽 3.5 米。其后，八世达赖喇嘛时期，为安置 1792 年廓尔喀归顺后进贡的 4 头大象，于潭水西南约 80 米处建造了象房，取名为“圆满乐园”。

龙王潭的建设与布达拉宫的建设紧密相关。据《拉萨文物志》记载，潭水坑的形成比较早，系五世达赖喇嘛时期修建布达拉宫和第悉桑结嘉措修建红宫之时，从山脚下大量取土所致。龙王潭开始着力修建始于六世达赖喇嘛时期，文献中也多记载有六世达赖喇嘛游玩其中之事。八世达赖喇嘛时期又对龙王潭进行了维修。《八世达赖喇嘛传》中曾记载，公元 1791 年，八世达赖喇嘛“为布达拉宫背面龙王庙（宗角禄康）的维修工程完成前往开光”[1]。十三世达赖喇嘛时期，因园中道路年久失修，也曾对其进行过维修。清代黄沛翘编《西藏图考》云：布达拉宫“山后有池，周四里，中垒土，而亭其上，名禄康插木，皮船渡之”[2]。复言“禄康插木在布达拉后有一池，约四里，中建八角琉璃亭，又名水阁凉亭”[3]。

此外，《西藏图考》中还记载有拉萨城郊的几处园林，均为达赖喇嘛避暑之地。“卡契园在布达拉西五里许，系达赖剌麻避暑处。鱼池、经堂多植名花，亦名花园。疏日冈在布达拉西七里许，乃达赖喇嘛往来停骖、饮茶处，亦名经园……宗角在布达拉北二里许，林木荫翳，景致甚幽，亦达赖剌麻避暑处。”[4] 其中的卡契园在五世达赖喇嘛之时，赏给了穆斯林，故而亦有记载为：“卡契园：案在布达拉西五里许，系缠头回民礼拜之所，鱼池经堂，多植名花，亦名花园。”[5] 也即今日所言之卡基林卡。另有今日所言之宗角禄康公园，实则是清代之时的龙王潭与宗角林卡的结合。

#### 2. 寺庙园林

寺庙园林是藏传佛教寺庙建筑群的一个组成部分。其功能除了游憩休闲之外，也是寺庙中僧众集会辩经的户外场所，因而部分寺庙园林常被称为“辩经场”，或“僧居园”（图 6–9）。寺庙园林的植物配置一般都是成行成列地栽植柏树、榆树，辅以红、白花色的桃树和山丁子等，于大片绿阴中显现缤纷的色彩。地面上铺满了卵石，不沾泥土。常在场地的一端，坐北朝南建置开敞式的建筑物“辩经台”，

1 第穆呼图克图·洛桑图丹晋麦嘉措．八世达赖喇嘛传 [M]. 冯智，译．北京：中国藏学出版社，2006：178.

2 《西藏研究》编辑部．西招图略 西藏图考 [M]. 拉萨：西藏人民出版社，1982：101.

3 [ 清 ] 黄沛翘．西藏图考 [M]. 拉萨：西藏人民出版社，1982：151.

4 [ 清 ] 黄沛翘．西藏图考 [M]. 拉萨：西藏人民出版社，1982：151.

5 西藏社会科学院西藏学汉文文献编辑室．西藏地方志资料集成（第一集）[M]. 北京：中国藏学出版社，1999：37.

作为举行重要辩经会时高级喇嘛起坐的主席台,同时也是寺庙园林里的唯一的建筑点缀。

拉萨城内外的寺庙园林主要分为两大类：一类是隶属城郊各大寺院的辩经场，其主要功能是用于辩经。此类实例以哲蚌寺罗赛林扎仓的辩经场、甘丹寺的辩经场、色拉寺的色拉吉扎仓的辩经场等为代表。另一类是隶属于活佛喇让的林卡，此类以拉萨“四大林”的附属园林为代表。主要是分布在拉萨西郊的贡德林的林卡，八廓街以北、小昭寺附近的策墨林的林卡和锡德林的林卡，以及丹吉林的林卡。

图 6-9　辩经场

**3. 庄园园林**

庄园园林是隶属于西藏贵族阶层的林卡，供贵族夏天避暑居住或休闲娱乐之用。园林内以栽植大量的观赏花木和果树为主，也有栽种蔬菜的。栽植比较多的是乡土树种柏、松、青杨、旱柳等，果树以桃、梨、苹果、石榴、核桃为多。花草以当地种属为主，也有从外地引种的名贵花卉如海棠、牡丹、芍药之属。小体量的建筑物疏朗地点缀于林卡之中。常有大片平整的草坪，可用做户外活动的场地，如赛马、射箭等。

拉萨城内外的庄园林卡数量较多。依据林卡与府邸的关系可大致分为两类：一类是林卡分布在府邸周边的，以西藏贵族阶层中比较特殊的尧西贵族的林卡为代表。尧西贵族如宇妥、拉鲁、朗顿、达拉等，其府邸或选址在林卡之内，或在林卡周边，以方便主人休闲之用。林卡内的美景与府邸相互辉映，营造了良好的生活环境。

一类是远在城郊，与贵族府邸的距离比较疏远的林卡。林卡内也有点缀建筑的，但主要以花卉植物为主，贵族们仅在消夏休闲之时前往。早期生活在拉萨的大多数贵族府邸修建在城内民宅聚集之地，受用地之限，常以高墙围成大院。重要的房舍都集中在院内碉房式的建筑物内，且内院常铺砌石子，鲜有种植花卉的，仅有盆栽数份点缀其间。不仅环境比较封闭，使用也很局促。故而贵族们常选择在拉萨城郊的开阔地段修建林卡，在夏日或节日之时，前往林卡休憩娱乐。发展至后期，有越来越多的贵族开始搬离城区，在城郊另建宅院，常选择修建在城郊原有的林卡地内，使这部分林卡的景致逐渐发生转化。如擦绒贵族在迪吉林卡修建的擦绒召康、在拉鲁林卡修建的拉鲁房，以及江洛金贵族位于城东郊仲吉林卡（俗官林卡）北侧的宅院等。

## 第三节　林卡营造的城市公共空间

拉萨城内外分布的众多林卡，是拉萨城市空间的有机组成部分，也是拉萨城内除街道公共空间、广场公共空间之外的第三类城市公共空间。林卡本身的存在，对于营造拉萨城市舒适的生态环境，起到了不可估量的作用。林卡周边砌筑的围墙限定了一个个优质的城市生态空间。

林卡的功能多样，休闲是其基本功能，并由此衍生出了一个传统节日——林卡节。每年藏历五月十五日，拉萨居民都会倾家而出，到城郊找一片林卡，踏青游玩，由此逐渐形成了林卡节。这与中原内地每当柳垂新绿之时到城郊踏青之俗相同。在布达拉宫白宫门厅的北墙壁上，有一幅壁画生动地描绘了林卡中的欢乐气氛。林卡由此从一静态的场所概念演化成动态的场景概念（图 6–10）。

图 6-10　林卡中的野餐

除了休闲功能之外，林卡也充当了多种习俗活动的场所。例如前文所述的寺庙园林的辩经场，即为僧侣的辩经活动提供场所。此外，依据《五世达赖喇嘛传》中的记载：“厄鲁特左翼墨尔根岱青在途中病故，他的夫人请我到鲁浦林卡去主持超荐亡灵的法事。”[1]1642 年，“六月二十一日，我来到鲁浦林卡，色拉寺、

1　五世达赖喇嘛阿旺洛桑嘉措．五世达赖喇嘛传[M]．陈庆英，马连龙，马林，译．北京：中国藏学出版社，2006：131.

图 6-11 布达拉宫门前的竞技大草坪

木鹿寺和上密院等寺院的僧众载歌载舞，列队欢迎。我们在林卡中扎下帐幕，住了十五天。”[1] 类似的场景记载在藏文文献中且较为常见，由此可知林卡不仅承担了部分举行法事活动的功能，也是举行各种欢迎仪式的场所。前文所述之拉萨城郊的吉蔡鲁定、哲蚌寺的参尼林卡等林卡，也同样承担着设灶郊迎和临别送行的场所功能。

又据《颇罗鼐传》中记载：“拉藏汗带着随从和皇上的金字使一同来到布达拉山附近的射靶场。那里绿树成阴，青草如茵。汗王大摆宴席……先是比赛箭术。在林苑中的草场上，射箭的位置定在一百步远的地方……然后，比赛跑马射箭和放火铳。”[2] 这种作为射靶场使用的树林也是林卡的一种，可见林卡也是竞技比赛的场所（图 6-11）。《颇罗鼐传》中也记载了水牛年（1733），在各处林卡中欢度新年的场景，林卡已经成为拉萨居民过藏历新年的重要场所之一。“新年元旦

1 五世达赖喇嘛阿旺洛桑嘉措．五世达赖喇嘛传 [M]. 陈庆英，马连龙，马林，译．北京：中国藏学出版社，2006：145.

2 朵卡夏仲 · 策仁旺杰．颇罗鼐传 [M]. 汤池安，译．拉萨：西藏出版社，2002：95-96.

的喜宴设在布达拉宫。第二天，在噶丹康桑萨巴附近那座树木林立、草坪似锦的园林中，支起迦尸迦帐篷，里面摆上宴席……次日，在噶丹康桑萨巴附近的林园里，拉萨周围的僧众大众、贵贱人等，大多麇集在此。另外还有克什米尔人、尼泊尔人、欧种人（可能是指印度或白种人）、不丹人、霍尔蒙古人等无数男女，人人大吃大喝……第三天，王爷来到倭丹噶布（护法神名）的无量宫，彼已神灵俯身。遵循古风，大设供云。随后，急速驱马，前往布达拉山下那片辽阔的竞技大草坪。在大宫四周待着的武士们也都聚集拢来。”[1]从这段记载中又可知颇罗鼐执政时期，林卡的多样功能。庆祝新年的宴席摆在林卡之内，拉萨居民均可以到林卡内野宴；同样，布达拉宫前面的林卡内的草坪充当了竞技的场所，为欢庆的新年增添了热闹的氛围。

罗布林卡、龙王谭等行宫园林的服务对象主要为达赖喇嘛，但在节日期间也常面向公众开放，成为拉萨的城市公共空间。例如，每年藏历七月一日举行的为期四五天的雪顿节[2]，可以追溯到17世纪以前。根据藏传佛教格鲁派的制度，僧侣在夏季不许到户外活动以免杀生，这种禁戒要持续到藏历六月底七月初。到开禁的日子，僧徒纷纷出寺下山，世俗百姓则带着酸奶去迎接他们，还要尽情地吃喝欢乐，跳舞唱歌。17世纪中叶，雪顿节又增加了演出藏戏的内容，每年此时，西藏各地的藏戏流派会聚在罗布林卡进行表演和比赛，并允许百姓入园观看。雪顿节与藏戏表演、逛林卡、哲蚌寺晒佛等活动结合起来，成为一种世俗活动。而罗布林卡为这种活动的举行提供了场所，在这段时间内成为拉萨居民公共活动的休闲空间。

每年的四月十五日是“萨嘎达瓦节”，是文成公主进拉萨的纪念日，又是释迦牟尼成佛的日子。在这一天，拉萨居民都要到大昭寺参拜释迦牟尼和文成公主，然后逛龙王潭林卡，并举行赛马和各种娱乐活动。民国时期的柳陞祺先生曾记载在龙王潭内过节的情景。“就在同一天，四个噶伦要率领身着华丽绸服的全体俗人内阁走一圈林廓。清晨，他们先在大昭寺举行一个仪式，然后从北部开始，从小昭寺附近缓慢地绕过城市的东边和南边。参拜了罗布林卡和布达拉宫后，他们也乘牛皮船去龙岛。于是，每只船都被深红色、琥珀色和紫色的丝绸衣服挤得满

1 朵卡夏仲·策仁旺杰．颇罗鼐传[M]．汤池安，译．拉萨：西藏出版社，2002：373.

2 雪顿节：“雪”在藏语中为“酸奶”之意，“顿”是“宴会”的意思，雪顿节便被解释为喝酸奶的节日。

满的，就像水面漂浮着许多鲜艳的花朵。四大噶伦还要在龙王庙主持一个小型仪式，并把五件珍宝沉入湖底作为供奉。然后再继续他们的林廓行，直到出发点才散去。”[1]从文字描述可知，当日的龙王潭已对拉萨居民开放，并成为西藏官员举行仪式的地点。此外，从清代中期一副描写拉萨的唐卡《拉萨画卷》[2]中，不仅可以看到拉萨城内外分布着为数众多的林卡，还可以看到画卷中反映的四月十五日“萨嘎达瓦节”的盛况。

此外，西藏的传统节日沐浴节与林卡也有着十分紧密的关系。《西藏志》云：“七月十三日，其俗各将凉棚账房下于河沿，遍延亲友。不分男女，同浴于河，至八月初日始罢。云：七月浴之则去疾病。”沐浴节的由来与佛教文化也有关系。佛典中有所谓“八功德水”之说，云其具有：一甘、二凉、三软、四轻、五清净、六不臭、七饮时不损喉、八饮不伤腰等八种优美品质的水。西藏拉萨一带认为秋初的河水具有这种性质。故而在秋初到拉萨河中洗浴身体，后发展成拉萨沐浴节。

五世达赖喇嘛的自传中记载五世达赖受疾病困扰，经常用八功德水和温泉之水洗浴，以求身体康复。诸如书中记载1670年：“我打算从二十八日起用五天时间用八功德水洗浴，为此设立了宿营地。还在土猴年（1668）时，盘德勒谢林扎仓就新制了主帐幕和一批小帐幕作为公共用具，此次在林卡架设起这些帐幕。第二天，在管家洛桑金巴的负责下，扎仓在帐幕内设灶宴请前来祝贺的全体僧俗，我接受了献礼。第三天，在此间的主帐幕内，达如瓦桑欧珠兄弟举办了同昨天相同的宴会。第四天，由政府出面宴请皇宫的使者及随行客人，并举办了盛大的歌舞娱乐活动。”从这段文字记载中可知五世达赖之时，不仅用功德水洗浴的习俗已经非常盛行，而且林卡在当时的社会生活中已扮演着越来越重要的角色。在林卡中架设帐幕小住几日或多住几日皆可，因帐幕之中会准备好相关的生活起居用具，犹如游牧民族可四处迁徙的帐篷之功用。沐浴节之时，还举行各种宴会活动，使林卡成为重要的社交场所，同时进行歌舞等娱乐活动，又使林卡成为休闲娱乐之所。

1 沈宗濂，柳陞祺．西藏与西藏人[M].柳晓青，译．北京：中国藏学出版社，2006：215.

2 宋兆麟．清代拉萨古城的复兴——《拉萨画卷》的考释[C]//藏族学术讨论会论文集．拉萨：西藏人民出版社，1984.

# 第七章　拉萨历史街区与城市公共空间

第一节　拉萨历史街区——八廓街

第二节　拉萨城市公共空间

## 第一节　拉萨历史街区——八廓街

### 1. 空间结构

拉萨历史悠久，是经过漫长的岁月逐步发展成西藏中心之城的。因而拉萨并不是有意识规划后才修建的城市，所以城市内寺庙、官署与居住区之间都没有严格的界限，相互之间杂错分布。拉萨八廓街区域的这种城市空间特点尤为清晰。八廓街围合成以大昭寺为中心的近似圆形的区域内部，分布的主要建筑是大昭寺，周边围以寺庙及寺庙的附属建筑、官署建筑、府邸建筑，以及部分民宅。八廓街外围区域则主要以府邸、民宅、商号为主，间有官署建筑和寺庙建筑。不同类型的建筑在城市中并没有明确的按功能分区布局。

《管子・大匡》记载：“凡仕者近宫，不仕与耕者近门，工贾近市。”城市居民为便利生活而择近居住，是中原古城的分布特点。八廓街区域也在一定程度上体现着这种“就近原则”。大昭寺既是寺庙，也是噶厦地方政府所在地，市场绕其分布，因而无论贵族、平民早期皆首选在此区域内居住，不仅取其崇佛之因，亦取其便利之故。八廓街区域呈现出以大昭寺为中心的发散的城市生长模式。直至甘丹颇章政权后期，因八廓街区域内的建筑密度比较高，才有贵族为追求环境舒适而迁往城郊。

八廓街区域内的街巷没有经过专门的规划与设计，多是自然预留形成的。包括八廓街在内的街道宽度，常因周边建筑单体的布局而多有变化，形成开阖无序、错落多变的街巷空间，呈现出自由发展的特点。八廓街区域内主要有7条大的街巷，以八廓街为中心向四面辐射（图7-1）。这些街巷多是在建筑单体之间自由弯转，

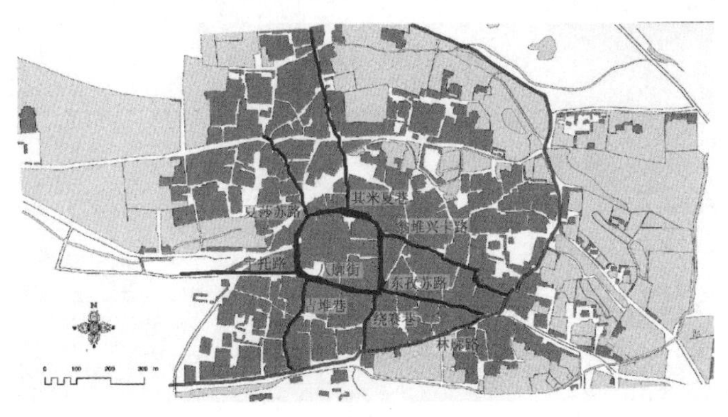


图7-1　八廓街区域的街巷体系

最终通向城郊。加上其间杂乱布置的小胡同，形成如同迷宫般的路网结构。这与欧洲古城中以教堂广场或市政厅广场等为中心形成的蛛网式的放射环状路网结构多有不同。

八廓街区域还分布有一些比较特殊的城市构成元素，如佛塔、塔钦（意为“幡柱”）、石碑、柳树等。这些元素均与特定的历史事件，或者特定的历史人物有关，本书姑且称之为纪念性元素。它们多位于八廓街上，或者位于紧靠八廓街的广场中。随着时间的推移，它们逐渐演化成为八廓街区域的重要地标。佛塔以位于朗孜厦门前市场中的“噶林积雪”白塔为代表[1]。塔钦主要有四处，分别是位于八廓街东北角的甘丹塔钦[2]，位于八廓街东南角的夏加仁塔钦[3]，位于八廓街西南角的格桑塔钦[4]，以及位于大昭寺西门前的曲亚塔钦[5]。石碑则以大昭寺西门前的“唐蕃会盟碑”“永远遵行碑”、无字碑等为代表，其中的“唐蕃会盟碑”与同样位于大昭寺西门前的“唐柳”[6]一起成为大昭寺西入口的重要标志（图 7–2、图 7–3、图 7–4）。

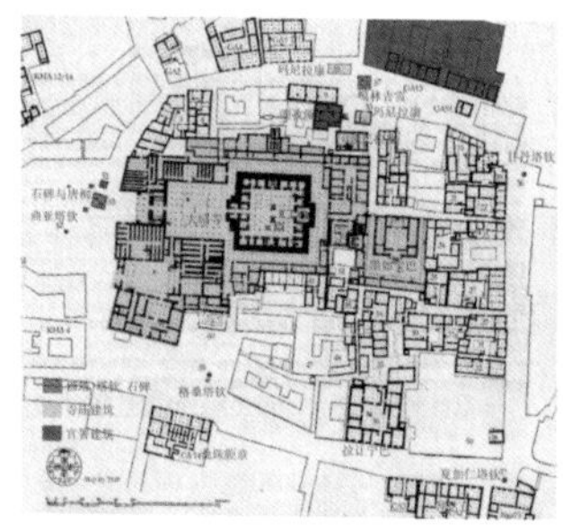

图 7–2　八廓街区域的纪念性元素和主要建筑示意图

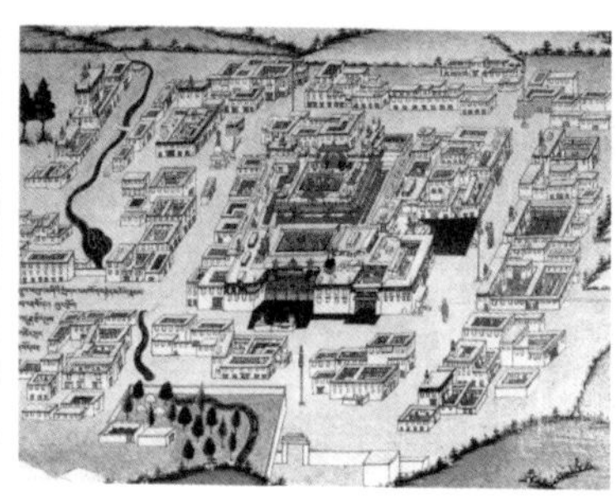

图 7–3　壁画：八廓街

图 7–4　大昭寺西门前的石碑

1 “噶林积雪”白塔：其建造年代不详，据唐东杰布传记载此处原为其修道之所。

2 甘丹塔钦，蒙古军事首领甘丹次旺于 1681 年率兵西部，击败拉达克王，收复大片失地，为纪念此次胜利而立的塔钦，故称之为甘丹塔钦。

3 夏加仁塔钦，是因宗喀巴大师而立。1409 年，拉萨传召大法会之时，宗喀巴大师曾立手杖于此地。

4 格桑塔钦，是拉萨民众为期盼多年的七世达赖喇嘛而立。1720 年，七世达赖喇嘛到达拉萨，为举行盛大庆典而竖立塔钦。

5 曲亚塔钦，是由第悉索朗群培竖立的塔钦。1634 年，固始汗率兵东征，取得胜利并活捉彼日王，为纪念此次胜利而竖立。今日立在大昭寺西门前的两处塔钦是十世班禅喇嘛重新竖立的，原有的塔钦因修建大昭寺广场而拆除。

6 唐柳：位于大昭寺西门前的一棵柳树，据传初为文成公主所植，今日所存之柳树为后人纪念文成公主而植。

### 2. 文化特征

西藏文化具有明显的地域特征，主要源于两个方面：宗教及地域传统的民族生活。佛教传入西藏已有 1 300 多年的历史，形成了独特的藏传佛教，并与藏族的历史、文化融为一体，渗透在社会生活的各个方面。八廓街区，作为西藏的窗口，集中表现了藏族文化的精华。从大昭寺兴建发展至今，其承担的职能已远远超越了地域的界线。大昭寺作为宗教活动的产物，直接或间接地对现在八廓街区的形成历史产生着重大影响。

藏族传统文化，其中包括宗教、民族文化的聚集与丰富，是八廓街区社区文化建立等发展的内涵动力；藏族传统文化的不断发展，并与现代社会生活的有机连接，使八廓街区在各时期均产生出较大吸引力，宗教、迁居、商业和旅游参观等多种活动不断向本街区汇聚，社区生活内容仍有不断膨胀的趋势，形成了多民族，多时期文化的汇集；八廓街区成为跨地域的综合性活动场所。

八廓街区是拉萨最古老的街区，也是拉萨市居民集中的地区。以大小昭寺、八廓街（藏语为“帕廓”，意为中转经道）为代表的宗教活动场所，使该街区成为藏族宗教活动最集中、最活跃的地区，并以此为源，经过上千年的发展，使街区成为表现藏族文化的重要窗口。街区范围内拥有众多的、各级别和各种类型的文物古迹、宗教寺庙、各类藏式民居建筑及成片的传统街区和传统街巷，是一个保持完整的藏式风貌特色的传统街区。社会的发展，使进入街区活动的人超过了进行宗教活动的人的数量，行为目的也远远超过了单一的宗教活动。

八廓街区内，现有以大昭寺宗教建筑、以冲赛康建筑、策墨林等其他类型建筑为代表的各保护级别及具有保留价值的建筑多处，它们建筑年代不同，使用功能多样，建筑的形式各具特色。由于历史的原因，现状的使用情况和保护的情况也各不相同（表 7–1）。

表 7–1 八廓街现存各类历史建筑

| 序号 | 建筑名称 | 始建年代 | 保护级别 | 现状保护及使用情况 |
|---|---|---|---|---|
| 1 | 大昭寺 | 公元 7 世纪中叶 | 国家级 | 最重要的宗教活动场所，历代多次修葺和扩建，建筑质量较好 |
| 2 | 小昭寺 | 公元 7 世纪 | 国家级 | 仅次于大昭寺地位的宗教活动场所，历代多次修葺和扩建，建筑质量较好 |

续表 7-1

| 序号 | 建筑名称 | 始建年代 | 保护级别 | 现状保护及使用情况 |
| --- | --- | --- | --- | --- |
| 3 | 阿尼宫 | 明朝 | 自治区级 | 宗教建筑，“文革”期间破坏严重，1982 年较大规模修复，基本恢复原貌 |
| 4 | 木如寺 | 20 世纪初 | 自治区级 | 宗教建筑，建筑进行过小规模加固维修，基本完好 |
| 5 | 大清真寺 | 1716 年 | 自治区级 | 伊斯兰教建筑及重要活动场所，1793 年进修维修和扩建，1959 年被毁，1960 年集资重建，现状建筑完好 |
| 6 | 墨如宁巴 | 20 世纪初 | 拉萨市级 | 宗教建筑，建筑布局和结构保留许多吐蕃早期特色，现状建筑完好 |
| 7 | 朗孜夏 | 17 世纪中 | 拉萨市级 | 为解放前拉萨市最大的监狱，现已改为他用，建筑基本完好 |
| 8 | 小清真寺 | 1920 年 | — | 伊斯兰建筑，建筑基本完好 |
| 9 | 门孜康 | 1916 年 | — | 老藏医院，现已为住宅和办公，建筑基本完好 |
| 10 | 冲赛康 | — | — | “冲赛康”意为“观看市场的建筑”，建筑曾为西藏地方政府官员的办事机构，现状为居委会办公用房。已改造为现代风格建筑 |
| 11 | 锡德林 | 9 世纪初 | — | 宗教建筑，几经扩建修葺，1816 年最后一次扩建为现状规模。1862 年遭严重破坏，现状建筑已坍塌 |
| 12 | 策墨林 | 1777 年 | — | 宗教建筑，寺庙建筑尚好，现为居住 |

八廓街区作为藏族文化对外展示的窗口，它不仅具备各种旅游资源，而且具有明显的区位优势，集多级文物古迹、宗教圣地、旅游购物市场于一体：有众多的文物古迹，如大昭寺、小昭寺等；是完整的藏族风格街区；是藏族文化的集中表现地点。

始建于唐代吐蕃王朝松赞干布时期的大昭寺，1 000 多年来，一直成为藏族宗教活动、节日活动的重要场所。大昭寺外围的环道——八廓街，既是宗教活动场所（中路朝拜转经道，藏语为“帕廓”），同时也是旅游参观、购物的重要线路。以大昭寺为起点形成的八廓街区，集中藏族文化的精华，包括宗教建筑、传统民居、街巷空间及各种活动，发展至今已成为国内外专家、学者和旅游者寻觅藏族文化内涵的场所。

**3. 街巷体系**

（1）街巷名称的由来

拉萨城内街巷名称的由来比较多样。有的因藏传佛教的信仰习俗而得名，最著名的实例是“八廓街”，其意为中路转经道，源于藏传佛教转经的习俗。“恰彩岗”的来历同样如此，“恰彩”为叩拜之意，因为佛教信徒们转经到此处时，若驻足向西观望，恰好可以看见神圣的布达拉宫，于是就在此处向西做虔诚的祈祷，故而称之。街巷“居康雄”，意为密宗院建筑群，其街名来历正是因为街上的主要建筑物是上下密院和寺院僧舍之故。

街巷也有以交易商品的内容命名的。如八廓东街有一条街巷名叫“夏仲”，其意为肉市，街上经营着多家专门销售河坝林屠宰场牦牛肉的肉店[1]。小昭寺前的街道上有不少饭馆，因而称之“撒康雄”，意为饭馆街。还有以居住者的身份命名的街巷，如八廓东街的卧堆布巷，据说这里是在修建大昭寺期间服徭役的民工住所，卧堆布即为徭役房之意。

街巷及街区的名称也与居民住所的建筑形制相关。前文所述大昭寺之东的八朗学区域，是康巴人的聚居地，当时在这一区域中搭建了黑压压的牦牛毛帐篷。“八朗”一词系藏语音译，其意为黑帐篷，“学”也是藏语音译，其意为依傍在高层建筑下面的低矮建筑群。1717年，准噶尔入侵西藏拉萨之时，其兵马曾驻扎在大昭寺西面的草地上，行军搭建了蒙古包，这种居住方式也被用来命名，藏语称之为“庆枯囊”。“庆枯”即意为蒙古人的毡包，“囊”是里面的意思。“锡德贡香”则是指锡德林下面的民居建筑。

（2）居民的出行方式与街巷体系

居民的出行方式对城市的街巷体系产生积极的影响。拉萨平民百姓的出行方式多以步行为主，日复一日的转经活动，或用匍匐在地的身体，或用脚步，丈量着道路，表达着虔诚。僧俗和上层贵族们的出行方式则因其身份的尊贵而有所不同。根据民国时期的史料记载，可观达赖喇嘛从冬宫布达拉宫正式迁往夏宫罗布林卡的出行场面：“达赖喇嘛坐在一个由十六个人抬的黄色丝绸装饰的大轿子里。这时，所有的僧俗官员都伴随在专门护卫达赖喇嘛的藏兵队列旁。”[2]达赖喇嘛乘坐的黄色丝绸装饰过的大轿子，是与其身份和地位相匹配的交通工具，在重大的出行仪式和场合下使用。通常情况下达赖喇嘛出行时也可以选择骑马，其出行的方式一般延续惯例。

1 参见：廖东凡．拉萨掌故[M].北京：中国藏学出版社，2008：234.

2 沈宗濂，柳陞祺．西藏与西藏人[M].柳晓青，译．邓锐龄，审订．北京：中国藏学出版社，2006：213.

贵族的出行方式则以骑马为主。“如果骑马去拜访司门厦（Zim–Sha），这是指一个名门望族的贵族家庭，最先看到的是一道木门，门框被油漆得五彩缤纷，大门的两边是用石头砌成的低矮的平台——这是为骑马人设计的。西藏的头面人物是不会徒步外出的，就更不会走路赴宴了。这两个平台用于上马下马，表示客人的社会地位低于主人。”[1]这是民国时关于西藏的真实描述，这个传统现在依然延续了下来。贵族们因其身份尊贵特殊，出行方式以骑马为主，极少依靠步行，以免受到轻视。从上述表述中或可理解地方政府为何极少关注拉萨城市街道的整修了。

拉萨的大街小巷多为土路，没有经过整修铺砌，常常布满泥泞，且多有护院狗犬，行走其中甚为不便。《西藏史地大纲 》中也有类似的记载：“市廛错列，商务兴旺，惟街道甚狭，且为泥路，每逢天雨，即泥泞没胫，步行维艰。”[2]城内道路脏乱的景象与僧俗贵族府邸中石头铺砌的洁净内院形成了鲜明的对比。但是无论如何，每个藏历新年的狂欢和节庆都在拉萨举行，其中又以在八廓街的庆典为最。“八廓街不仅是拉萨的主要大道，也是全西藏唯一的一条真正的街道。”[3]

步行、抬轿或骑马的出行方式，对于道路的宽度都没有太多要求，所以拉萨城内的街巷或宽或窄，没有定规，最宽之处可达 6 米左右，最窄之处仅约 1 米。时窄时宽的道路更像是建筑修建后留下的空白地段。八廓街区域的街巷中以八廓街最为宽绰，宽度大约在 3~6 米，平均宽度为 4.5 米。盖因其为中路转经道，又有市场分布于此，故而道路较为宽敞。其余的街巷宽度大多控制在 1~5 米之间，平均宽度为 2.1 米，最窄处仅能容两人侧身通过。

#### 4. 商业与市场

（1）商贾与商品

甘丹颇章政权时期的拉萨，商业发达，市场繁荣，成为西藏地方的经济中心。汉文史书《西藏图考》勾勒出了拉萨市场的热闹景象：“西藏贸易用银钱，每枚

1 沈宗濂，柳陞祺 . 西藏与西藏人 [M]. 柳晓青，译 . 邓锐龄，审订 . 北京：中国藏学出版社，2006：169.

2 西藏社会科学院西藏学汉文文献编辑室 . 西藏地方志资料集成（第一集）[M]. 北京：中国藏学出版社，1999：17.

3 沈宗濂，柳陞祺 . 西藏与西藏人 [M]. 柳晓青，译 . 邓锐龄，审订 . 北京：中国藏学出版社，2006：210.

重一钱五分，上有番字花纹，亦以银易物而用所。市有藏茧、羊绒、牦子、氆氇、藏香、藏布及食物如葡萄、核桃等物。藏番男妇皆卖，但不设阛阓（今意为街市），惟席地货之。至绸缎绫锦皆贩自内地。其贸易经营，妇女尤多。而缝纫则专属男子。外番商贾，有缠头回民贩卖珠宝，白布回民卖氆氇、藏锦，卡契锻布皆贩自布鲁克巴、巴勒布、天竺等处。有歪物子专贩牛黄、阿魏。”[1]此外，和宁所著《西藏赋》中也言及拉萨市场：“乃有别蚌行商，缠头居市。货则珊瑚松石蜜蜡青金蠙珠之奇……毳布麻阜，茶块充闾，银钱遍里。”[2]《西藏志》“市肆”中也曾简要记载：“西藏习俗，与贸易经营，男女皆为。”[3]上述文字描述让拉萨市场的繁盛景象跃然纸上。

据藏文资料《颇罗鼐传》记载：“从印度、克什米尔、尼泊尔、蒙古、内地、门隅、西藏和其他藏区来的人，装束各异，语言不通，大家都聚集在这里，摆摊设市，百货俱全，人来人往，拥挤不堪。”[4]从这段描述中亦可知，拉萨城内商贾众多，不仅有藏地之人，也有许多来自异域外邦之人，相互之间，各取所需，这使得拉萨市内不仅货物齐全，也拥挤繁忙。

在拉萨市场上交易的商品种类繁多，内容丰富，不同地域的商贾经营者不同种类的商品。来自中原内地的汉族商人多经营茶叶、丝绸、瓷器、糖等商品，尼泊尔商人常从事颜料、铜器、布匹、珍珠、香料、药材等商品的交易，不丹、锡金商人带来的是粮食、麝香、烟草等商品，拉达克商人则带来藏红花、干果等。藏族商人更多地从事当地土特产的经营，如氆氇、卡垫、羊毛、药材、藏香、麝香、硼砂、金、银、盐等。此外，也有藏族商人从内地购进丝绸、瓷器、海产、干菜和茶叶等，到印度采购布匹、毛料、五金等商品在拉萨销售。而西藏僧俗贵族都喜爱的用于制作装饰品的珊瑚、珍珠、琥珀、宝石等多半由印度商人带来[5]。

1）藏族商人

藏族中素有经商传统的是川西、藏东一带的康巴人，他们大都以销售砖茶为主。藏族商界最著名的邦达昌、桑多昌等都来自藏东康衢。康巴人中经营规模最

1 《西藏研究》编辑部．西招图略 西藏图考[M]．拉萨：西藏人民出版社，1982：198.
2 和宁．《西藏赋》
3 《西藏研究》编辑部．西藏志 卫藏通志合刊[M]．拉萨：西藏人民出版社，1982：31.
4 朵卡夏仲·策仁旺杰．颇罗鼐传[M]．汤池安，译．拉萨：西藏出版社，2002：44.
5 杨公素．中国反对外国侵略干涉西藏地方斗争史[M]．北京：中国藏学出版社，1992：20-22.

大的当属邦达昌，从国内到国外的许多城市都有其分号和办事处，并因资助十三世达赖喇嘛而得到丰厚回报，即垄断西藏羊毛出口权。邦达昌从此如虎添翼，在商政两界都颇有实力，也因此深刻影响了藏族人的经商观念。正是在 20 世纪三四十年代，僧俗贵族阶层的经商意识被其唤醒，一直试图经商的僧俗贵族们开始认识到商贸流通的价值，纷纷投入经商的热潮中来。从摄政的拉章，到噶伦、扎萨，以及各贵族世家如索康家、噶雪家、宇妥家以及夏格巴、柳霞等，有力地推动了拉萨市场的繁荣。其中比较有名的四大藏商，除了邦达昌以外，还有桑多昌、擦绒昌、热振昌。据 1956 年的统计可知，当时拉萨资本较为雄厚的批发商有 41 户，属于贵族、官商、土司头人的有 23 户，属于寺庙的有 9 户，占批发商总户数的 78%[1]。虽然该统计在时间上值得商榷，且这段时期内拉萨的商业状况变化不断，但对于了解 1951 年之前的拉萨商业情况仍具有可参考的价值。

2）汉族商人

在拉萨的汉族商人主要有云南帮、北京帮、川帮、青帮等，这些汉族商人常在拉萨设立商号，其后代也多有在拉萨定居者。自清嘉庆年间起，在云南滇西北一带，就崛起了前往西藏做生意的“藏客”，一年一度往返其间，将云南盛产的茶叶运销西藏，将西藏的山货皮毛运进内地。19 世纪中后期，在拉萨经商的云南商人兴建了云南会馆，藏族人称之为“云南拉康”，地点就在八廓街吉日巷里，会馆里塑有关帝像和云南纳西族“三朵神”像。会馆及塑像一直留存到 1960 年代。到抗日战争中后期，滇藏商路骤然兴旺，经营此路的云南大小商户有上千家，其中在拉萨开商号的就有 40 多家，而且大多集中在八廓街吉日巷一带，其中著名的有“永聚兴”“永兴号”“裕春和”“仁和昌”“恒盛公”“铸记”等[2]。云南商人主要经营茶叶、红糖等。北京人在拉萨经商也有些历史，最初之时长途货运，往来其间。有规模的建立商号则是在 1930 年代，在八廓街所建商号大约有三四十家，知名的有“文发隆”“裕盛永”“德茂永”“兴盛合”“广益兴”等等。经营的货物主要是绸缎、瓷器、玉器、铜器、丝线、小手工艺品等杂货，根据市场需要而定，多广受欢迎。此外，河北商人主要经营绸缎、瓷器、珠宝、工艺品等，青海商人则主要做骡马、枪械、白酒、毛皮等生意。

1 田继周．少数民族与中华文化 [M]. 上海：上海人民出版社，1996：346-347.
2 马丽华．老拉萨圣城暮色 [M]. 南京：江苏美术出版社，2002：113-114.

3）穆斯林商人

《拉萨文物志》中提到在17世纪之时，西藏地方政府曾指定八廓街北街“噶林积雪”白塔周围作为克什米尔人的经商地点，由是聚集了更多的克什米尔穆斯林前来拉萨经商定居。据汉族史料记载，乾隆五十七年在拉萨的克什米尔商人约有197名，并有头人3名[1]。拉萨的穆斯林商人主要经营布匹及各种用品，也买卖金银等。因其善于经商，所以家财多富足。每年穆斯林往来于加尔各答与拉萨之间，西藏政府允许他们自由出入境，护照由达赖签发，并由藏族士兵护送至喜马拉雅山脚。从加尔各答带回的商品品种实际上门类不多，多为用做哈达的纺织品、刀剪铁器等。拉萨的穆斯林信守伊斯兰教教义，每日做五次礼拜，每逢主麻日（星期五），清真寺的大殿人潮涌动。到了忠孝节、开斋节等伊斯兰教庆典都要休息庆贺，所以每逢节日之时，拉萨的穆斯林商店摊头都会停业[2]。

4）尼泊尔商人

尼泊尔和西藏的通商来往关系极为密切，尼泊尔人在拉萨经商的亦不在少数。“巴勒布在前藏贸易之人……自康熙年间即在前藏居住，皆有眷属，人户众多，不下数千口，……而藏内‘番民’与之婚姻已久。”[3]巴勒布即尼泊尔。双方边境居民以食盐、羊毛交换粮食、布匹，也是自古以来就已有之。早期来到拉萨的尼泊尔人多为工匠、手艺人，通常从事绘制唐卡、壁画，制作神灵佛像、金银首饰等职业。据1793年福康安奏报朝廷的奏折所言：“拉萨有尼泊尔居民四十户，商头三人。”其后来自尼泊尔的居民多以经商为业，这在民国的地方志中也可见相关记载：“尼泊尔人多从事于商工业，于经济界中，占有广大势力。”[4]至1950年代之时，尼泊尔商人已发展到两百多户[5]。

此外，蒙古商人也常见于拉萨市场。他们不仅带来蒙古的特产，也把沙俄的商品输入西藏。他们每年携妻带子，赶着骆驼队，带着大批货物，如各种毛皮、西伯利亚特产等沙俄商品来拉萨朝佛，然后换回各种布、珍珠、珊瑚、宝石和香

1 《卫藏通志》卷十一。

2 房建昌．西藏的回族及其清真寺考略——兼论伊斯兰教在西藏的传播及其影响[J]. 西藏研究，1988（04）：102-114.

3 《东华录·乾隆》卷一一六。

4 西藏社会科学院西藏学汉文文献编辑室．西藏地方志资料集成（第一集）[M]. 北京：中国藏学出版社，1999：41.

5 廖东凡．拉萨掌故[M]. 北京：中国藏学出版社，2008：236.

料等，蒙古人和西藏人都有着共同的喜好，喜爱以珍贵的宝石、海产品为装饰品[1]。

（2）市场的分布

1）席地而贾与沿街道的线性布局

拉萨城内没有为商业贸易而由政府专门设置筹建的商业建筑空间。《西藏图考》中曾提及“藏番男妇皆卖，但不设阛阓（今意为街市），惟席地货之。”《西藏志》中也有类似记载：“藏番男女皆卖，俱不设铺面桌柜，均以就地摆设而货。”[2]这说明西藏居民的商业经营方式比较随意自由，选取合适的地块即可摆摊交易，但这也使得进行商业贸易的市场及商业类建筑等得不到着力的建设，因此拉萨城内并没有修建专为市场交易所用的大型商业建筑。大大小小的市场多散布在拉萨城内的街巷间，尤其是在大昭寺以东的商业区中，其纵横交错的大街小巷内布满了市场，既有商人所建的私宅、商号，也有路边的货摊，形成了极有特色的集市贸易区，并使得拉萨的市场呈现出沿街道线性布局的特点。

2）自由的贸易方式与分散的市场布局

拉萨城内的市场空间虽然因其自由的贸易方式而不受限定，但多选择在寺庙建筑的周围，这是因为寺庙周边转经朝佛之人众多，从而使得贸易的发生几率大为增加。可以发现，在西藏早期社会经济尚不发达、集市贸易极为稀少的社会形态下，藏传佛教寺院充当了西藏高原的集市贸易中心，其典型如拉萨市内的大昭寺。大昭寺是整个藏族地区最具权威的一处朝觐圣地，在信徒心目中有着不可替代的崇高地位，每年前来朝拜的信众络绎不绝、数不胜数；同时，归因于寺院具有的吸引四方香客游人的宗教文化魅力，寺院发挥了集市贸易中心的功能，围绕大昭寺形成的八廓街成为整个藏族地区规模最大、最繁华的集市贸易中心，可谓拉萨最有名的商业街。八廓街上除商店外，还分布着茶馆、饭馆、酒馆等，不过大多规模比较小，且多以家庭式的经营模式为主。除了最著名的八廓街外，拉萨传统的商贸市场还有冲赛岗、甲奔岗、铁奔岗（又译铁崩岗）、夏莎岗、旺堆辛噶（意为上庄稼地）、萨波岗等处[3]。

---

1 杨公素．中国反对外国侵略干涉西藏地方斗争史[M]. 北京：中国藏学出版社，1992：20-22.

2 《西藏研究》编辑部．西藏志 卫藏通志合刊[M]. 拉萨：西藏人民出版社，1982：32.

3 参见：廖东凡，张晓明，周爱明，陈宗烈．图说西藏古今[M]. 北京：华文出版社，2007：119-120；廖东凡．拉萨掌故[M]. 北京：中国藏学出版社，2008：139。依据廖东凡先生的走访调查所言：“当时拉萨有六大商市，它们是城东的特朋岗市场和旺堆辛嘎市场；城北的坚布岗市场和冲色康市场；城西的夏萨岗市场和萨波岗市场。”虽然音译之名多有不同，但市场的藏文名相同。

拉萨城内的市场地面大多没有进行铺砌，仍为土质，雨天之时，常泥泞不堪。以八廓街为例，“八廓街是一条较宽阔的街道，圈起了一个不规则的四方形，里面便是拉萨城的主寺——大昭寺。这条街不足一英里长，热闹的集市就在这里。除了寺庙和几个老贵族的住宅，街道的两边排满了商铺，有些还很现代化。得益于市中心的位置和恰到好处的长度，这条街成为拉萨居民最喜欢的步行街。”[1]这段话记载了民国时期拉萨八廓街的街况，民国时期八廓街两边排满了商铺，已经成为拉萨最有影响的商业集散市场。虽然八廓街即是拉萨的中路转经道，又是市场所在地，但是并没有进行路面铺砌，仍然是土路。F. 斯潘 · 珊曼 1936 年拍摄的八廓南街的一组图片可以佐证，当时的八廓南街只有松曲热广场部分铺砌有碎石，以界定出广场空间，此外，极个别建筑的入口部分铺有小块碎石地面，其他路面仍多为土路。

3）商品类别与特色市场

拉萨市场上的商品种类非常繁多，也形成了依据所售商品的类别划分区域的经商传统。从 1905 年 L. 奥斯汀 · 瓦德尔所绘制的《拉萨平面图》（图 7–5）中可知拉萨比较著名的几个专营市场所在的位置。陶器市场位于大昭寺的西北方向，紧靠一座石头桥，附近有汉人的刑房和餐馆。藏东马具市场位于拉萨城的东郊，木鹿寺以东的位置。在藏东马具市场的南侧有一汉人村和一草市。在大昭寺的北面，八廓街大经旗的位置有一处米市。马市则位于八廓街东面的巷内，嘎玛夏神龛的北面，被称为旺堆辛噶（意为上庄稼地）的地方。这里主要是露天市场，也有几家给马钉铁掌的门面，还有一些摊贩摆摊售卖旧衣服、旧家具等。汉人肉市则位于八廓街东北角附近的巷内，从传统的中国内地式牌楼门进入肉市，摆有双排售货摊。从民国初年藏族人徒手绘制《八廓街鸟瞰图》中也可发现在八廓街以东的区域内设有两处汉地风格的牌楼。牌楼为两柱单间，上为坡屋顶（图 7–6）。

4）商贾的来源地与市场分布

另依据调研访问可知，在 1959 年民主改革前，拉萨八廓街东街 10 多米的措那巴小巷是拉萨城中规模最大的菜市场，菜市场中有一专门经营牛肉的肉市场，其建成时间大约在 20 世纪初，经营者主要是穆斯林。L. 奥斯汀 · 瓦德尔的《拉

1 沈宗濂，柳陞祺．西藏与西藏人[M]. 柳晓青，译．邓锐龄，审订．北京：中国藏学出版社，2006：207.

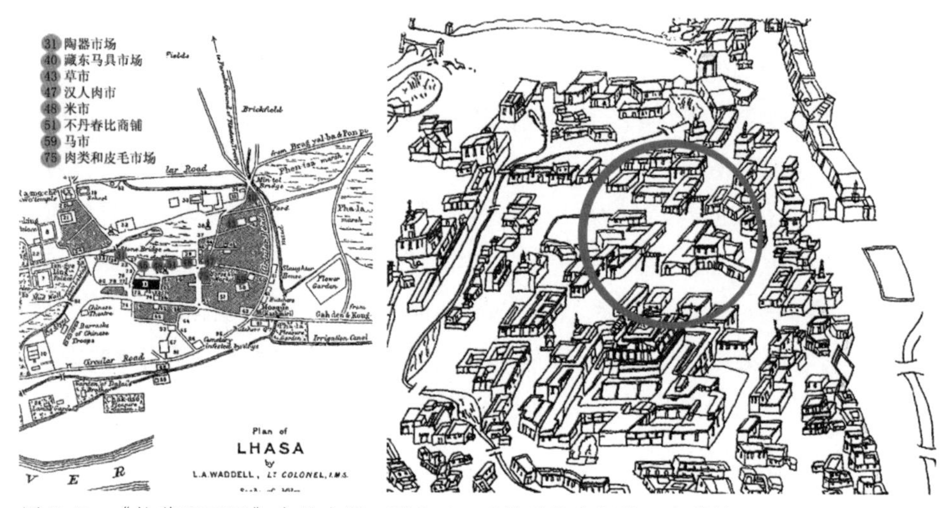


图 7-5　《拉萨平面图》中的市场　图 7-6　两处通往市场的汉式牌楼

萨平面图》中所绘的八廓东街的巷内有一处肉类和皮毛市场，应是此处。图中也标识出了几处位于拉萨东郊河坝林的宰杀房，正是穆斯林宰杀牦牛等牲畜之所，距离肉类和皮毛市场也较近。每年藏历四月的萨嘎达瓦节期间，为纪念佛祖释迦牟尼诞生、成道和圆寂，地方政府禁止屠杀牲畜，肉市无肉可售，只有称为“甲米”的两家肉商照例供应牛肉，据说经过十三世达赖喇嘛的特许，其肉铺位置在八廓北街的大经旗杆附近[1]。

此外，经过对拉萨城内市场分布的考察，笔者发现商人的来源地也是影响市场分布的一个主要因素。随着外地人来拉萨经商人数的增加，拉萨城内外逐渐形成了以地缘为因的聚居地，一些商铺或者地摊就设在聚居之处。较有实力的商贾也选择在城内租用房屋或者购买房屋作为店铺和居住使用，但大多数仍与同地缘的商人聚集而居。如前文所述之藏东马具市场、汉人肉市等，即是因商人地缘之故而形成的市场。八廓街东向的吉日巷是云南商人的根据地，小昭寺周围是藏北商人的聚集地，八廓街以西的丹吉林周围，聚集着青海、甘肃一带的商人，称为“青库”。八廓东街、南街的商店大多是来自克什米尔的穆斯林商店，主要经营各种高级毛皮和藏式帽子。这里不仅是克什米尔穆斯林（藏族人称之“拉达卡基”）的主要经商之所，也是他们的主要居住地。

1 廖东凡．拉萨掌故[M]．北京：中国藏学出版社，2008：234.

位于大昭寺北侧的冲赛康曾是西藏最古老的露天市场之一，这里聚集了来自各地的商人。北侧的大部分商店由尼泊尔商人经营，他们销售彩缎、手表、布匹、毛料、糖果等商品，其余的商店则由藏族和汉族商人所开。来自克什米尔的穆斯林也在此处经商，五世达赖喇嘛曾指定八廓街北街“噶林积雪”白塔周围作为他们的经商地点。康巴商人主要集中于冲赛康一带，其中比较有实力的商号如邦达昌、桑多昌等。此外，在拉萨城外的八朗学住的也多是康巴人。他们大都分从四川康定、雅安等地运茶到拉萨，在拉萨城边的八朗学扎下牦牛毛帐篷，并以销售砖茶为生，帐篷旁边垒起的砖茶像一堵墙一样高。从藏族民歌中可觅当时的情形：“黑色的汉茶砖墙，比那东山还高；雅安姑娘的情意，比清清河水还长。”（图 7–7）

**5. “内寺外市”的布局模式**

在中原内地古城中，“前朝后市，市朝一夫”，“市”在城市之中的位置由此而确定。“前朝后市”的布局模式早在洛阳东周王城的城市规划建设实践中就已得到确立。虽然在其后城市的实际建设和发展中，很多都城并没有延续这种理想的城市布局模式，但是“前朝后市”的城市空间仍然被认为是早期中原城市的布局规则。然而考察西藏地区的城市，虽然其与中原地区贸易往来频繁，受中原文化影响比较深，但并没有呈现出类似内地唐宋城市的布局模式。

图 7–7　因商贾地缘分布的拉萨市场
图片来源：依据《拉萨历史城市地图集》绘制

考察拉萨城中市的位置，可以发现市场紧密围绕在以大昭寺为核心圈的周围，拉萨大昭寺周围的八廓街不仅是著名的中路转经道，而且也是拉萨城内的市场，是交易的重要场所，商贾云集，货品繁多。以寺庙为中心的市场布局模式非常清晰，仿照汉地对市场位置“前朝后市”的描绘方式，可以大致归纳出拉萨的市场布局模式为“内寺外市”。

“内寺外市”的布局模式在西藏地方的中心城镇中，并不具有普遍性的意义，即在西藏的城镇布局模式中，市场的位置并没有定规，这包含了市场与寺庙的关系，以及市场与官署建筑的关系。以西藏日喀则为例，日喀则是后藏的经济、文化中心之城，也是格鲁派活佛班禅喇嘛的驻锡之地，其驻锡的寺庙是扎什伦布寺。但是日喀则并没有形成如同前藏拉萨城的以寺庙为中心的市场布局模式，而是在扎什伦布寺和城区之间的空地上产生自由发展的市场。在西方学者的游记类著作中即有相关的记载，描述了甘丹颇章政权之时的日喀则：“扎什伦布寺有3300名僧侣，日喀则镇有9000人，不包括僧侣，但包括了100名中国驻防士兵和400名西藏民兵。在日喀则镇和扎什伦布寺之间的空地上，每天都有集市，周围长着茂盛的庄稼。”[1]

大昭寺是吐蕃时期的古寺，选址于平川，为日后以其为中心形成市场提供了可用的场所。而佛教后弘期兴建的寺庙多依山就势而建，使市场的形成受到了地形的限制。而日喀则、江孜的市场，同样选址于寺庙附近，但是表现出的是与拉萨截然不同的存在方式。日喀则的市场位于扎什伦布寺山脚下的河谷空地上，连接起了寺庙与日喀则宗山，江孜同样如此。这三者之间的关系可以归纳为寺、市、宗三位一体，市居于两者之间的开阔地段，寺与宗分居其两侧的山坡之上，不仅在高度上占尽优势，而且对市形成环卫俯视之意。

## 第二节　拉萨城市公共空间

### 1. 城市广场

拉萨城内存在的城市广场空间规模不大，数量也不多，但却为宗教活动的开

1 [英]克莱门茨·R马克姆．叩响雪域高原的门扉——乔治·波格尔西藏见闻及托马斯·曼宁拉萨之行纪实[M]．张皓，姚乐野，译．石硕，王启龙，校．成都：四川民族出版社，2002：90.

展提供了良好的场所。其分布主要集中在寺庙建筑和官署建筑周围。例如大昭寺南门的松曲拉广场，是其中比较有代表性的实例。此外，还有大昭寺西门的入口广场、小昭寺东门的入口广场、鲁布衙门东侧的鲁布广场，以及朗孜厦门前的冲赛康市场等（图 7–8）。这些广场常兼具多种功能，在宗教活动举行的间隙期间，可以作为拉萨居民日常礼佛、贸易交流的场所，其中的鲁布广场也充当驻藏大臣衙门的练兵场所（图 7–9）。

从使用功能的角度考察，可以发现拉萨的城市广场与中世纪的西欧城市广场在一定程度上呈现出了相似的特征，均可以作为宗教集会和居民从事各种活动的场所。中世纪的西欧城市广场主要为教堂广场，也有市政厅广场和市场广场，它们通常都是城市的中心，是城市的必然组成部分。但于西藏的古城而言，广场空间却并不是城市的必然组成部分；如若城市中设有广场，则广场也不一定是城市的中心。拉萨是藏区城市中为数不多的设有广场空间的城市之一。广场虽然也为拉萨居民提供活动的场所，但更像是寺庙内的宗教活动空间在城市中的延伸拓展。

通过对建筑单体及建筑群的考察可知，拉萨城内的建筑多以天井、院落围合成内向的生活空间，面向内院的建筑立面较为开敞，面向城市街道的外观则比较闭塞，可以说建筑的布局原则基本上是内向的。这与中原古城中建筑群的布局原则相同。然而与中原古城中鲜有城市广场空间存在的特点不同，拉萨城内出现了广场空间。中国古典建筑群的平面构成方式是由一系列的院落串联或者是并联而成的，实际上这些或大或小的院落在一定程度上兼具了广场空间的作用，因而在

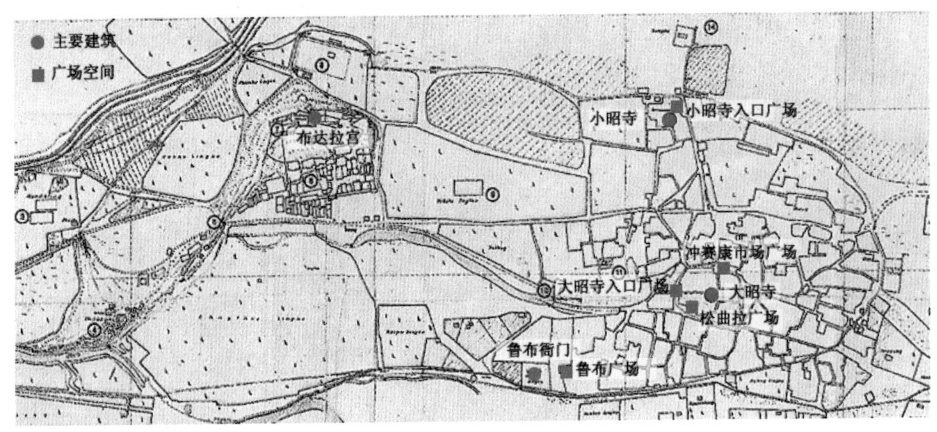


图 7–8　拉萨城内的广场分布图

图 7-9　大昭寺门前的两处广场

城市平面构图上，似乎没有再重复采用的必要。对于拉萨古城而言，如果仅从生活空间的角度考察，广场空间的出现似乎没有多少实质性意义；但若从宗教活动的角度出发，广场空间的出现就有了存在的合理性。广场空间既可以为宗教活动提供举行的场地，又可以通过它拉开与世俗百姓的距离，为信众的信仰提供实际的距离感，进而升华为膜拜感。这都迎合了为宗教服务的目的，同时也为城市营造出了较为开阔的空间，使拉萨城内过于封闭的街道空间有了些许喘息的机会。

拉萨城内的广场平面不规则，广场空间具有内向性的特征。它们多被广场周边的建筑单体所围合，常与道路体系相连，道路从广场的一侧或中间穿越，成为狭窄的道路体系中放大的节点。又多依托寺庙、官署等建筑的出入口，形成宽敞的缓冲空间（图 7-10）。这种特征与中世纪西欧城市中的教堂广场、市政厅广场等颇为类似。中世纪的西欧城市广场多位于教堂或市政厅之前，“均采取封闭构图，广场平面不规则，建筑群组合、纪念物布置与广场、道路铺面等构图各具特色”[1]，而且与拉萨城内的广场空间一样，都没有经过专门的规划设计。这与古罗马时代的城市广场，以及其后欧洲文艺复兴时期的城市广场多有不同。古罗马时代的广场多因古罗马帝国的皇帝授意而建，其意为纪念或者彰显功绩，经过设计的广场空间常用轴线串联在一起，呈现出内向式围合的特点。欧洲文艺复兴时期的城市广场也多经过规划设计，同样由建筑单体或长廊进行围合，但已开始逐渐由封闭趋向开敞，且常有对称式的广场平面构图出现。

1 沈玉麟．外国城市建设史[M]. 北京：中国建筑工业出版社，1989：48.

图 7-10　大昭寺南门的松曲拉广场

拉萨城内的广场空间有着自己独具的宗教特色。与欧洲广场中常立有方尖碑、喷泉、雕塑等元素不同，拉萨的广场空间内常设有与宗教文化或宗教活动相关的实体，如佛塔、塔钦（意为“幡柱”）、焚香炉、高台等，也有在重要建筑前立有石碑的，广场常用石质铺地（图 7-11）。从广场空间的特征来看，这些实体常成为广场的视觉中心。从广场空间围合的角度而言，又常常隐性地限制出广场的范围，即这些实体多位于广场的边角处，而非广场的中心。从其实用的角度观察，这些实体与信众的宗教信仰密切相关。佛塔是膜拜转经的宗教建筑实体，焚香炉是焚香祭拜的器具，高台是辩

图 7-11　从松曲拉广场远眺布达拉宫

经的高僧的法台，铺地是辩经的场所等，均满足了修行需求。

### 2. 转经道与城市道路体系

以藏传佛教文化为代表的宗教文化对拉萨的影响是多层次、多方位的。具体到拉萨的城市空间中，又以对拉萨城市道路体系的影响为最。从道路体系的形成过程和最终表现形态来看，无不印证着藏传佛教文化的痕迹，甚至可以说就是在它的主导下发展而成的。拉萨的城市道路体系呈现出了与佛教文化之城相适宜的空间意象。

（1）以佛教文化为依托的环状的城市转经道

转经是佛教信徒们的主要修行方式之一，拉萨因之而成的转经道主要有囊廓、八廓、林廓和孜廓等四条。这四条转经道上转经的佛教信众较多，且它们对于拉萨的道路体系和城市空间产生了颇为深远的影响，其中又以八廓转经道对拉萨城内外的道路体系的影响为最。囊廓是内环转经路，实际上它是大昭寺内的转经道，拥有众多小经堂和走廊的大昭寺被一堵高大的围墙环绕着，墙的内侧便是囊廓，它对城市道路体系的影响甚微。林廓属于外环转经道，它的存在有利于我们识别拉萨的城区范围，拉萨城的八廓街区域和布达拉宫雪村区域就是林廓转经道所环绕的部分。它与囊廓、八廓一起构成了以大昭寺为中心的近似的同心圆。孜廓是围绕布达拉宫转经的路线，因其形成时间较晚，大约在甘丹颇章政权末期才逐渐形成，故而在甘丹颇章政权时期其影响要相对弱些（图 7-12）。

拉萨的转经道并不是随着佛教文化的传入而立即出现的，它的形成经历了一个极其缓慢的发展过程。其形成时间较晚，推测最早应是在佛教后弘期格鲁派兴盛之时。转经的宗教习俗也并不是从一开始就跟随佛教文化的传入而存在的，而是后期随着佛教文化的发展和礼佛方式的变迁，逐渐演化而来的修行方式。据宿白的《藏传佛教寺院考古》中记载："一般僧俗围绕寺院的礼拜方式，约在格鲁寺院鼎盛时期盛行起来，大昭周围的'八廓'应是门廊、千步廊兴建之后形成的；格鲁各大寺也出现了绕寺的外围礼拜道。再后作为西藏政教中心，亦即格鲁教派中心的拉萨，甚至还出现了'林廓'——围绕拉萨市的所谓'外朝拜道'。礼拜道的扩展和复杂化清楚地表明了格鲁实力的不断扩张。"[1] 依据史书记载可知修建大昭寺的门廊、千步廊是在甘丹颇章政权初期开始的，时间约为 1643 年。虽然

1 宿白. 藏传佛教寺院考古[M]. 北京：文物出版社，1996：200.

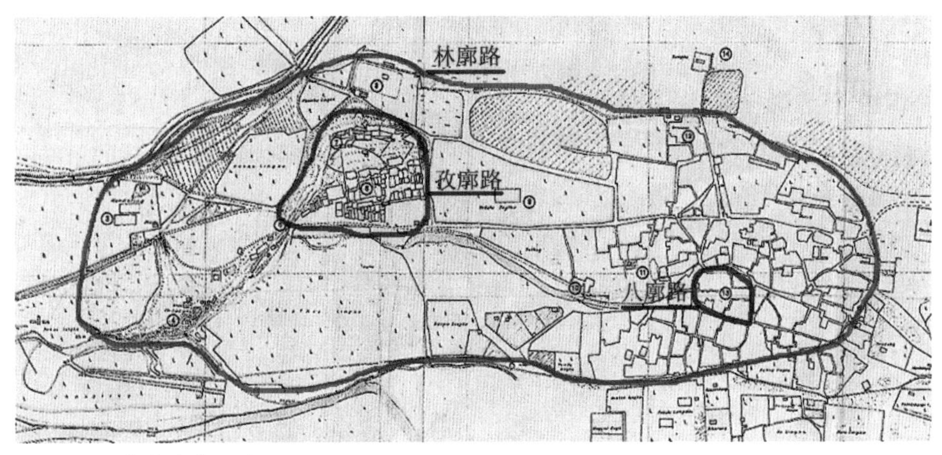


图 7-12　拉萨的转经道

之前因拉萨祈愿大法会等法事活动的举行，已有绕行大昭寺的活动行为，但是信众在寺院之外转经的修行行为还没有成为定制。格鲁派在拉萨建立政权后，对大昭寺进行了大规模的扩建修缮。因佛法的兴盛而来朝拜者日趋增多，致使寺内佛殿周匝的囊廓转经道最终无法容纳，所以绕寺转经的修行行为才逐渐形成，这即为八廓的形成之因。由此亦可推知八廓正式形成的时间，应是在甘丹颇章政权早期。大昭寺的形状在这一时期因扩建而多有变化，然而八廓并不是仅靠大昭寺外墙的道路，而是在原有大昭寺周边道路的基础上逐渐形成的，是对原有道路体系的继承和改造，以适应转经的需求。

拉萨以佛教文化为依托的转经道也表现出了对异教信仰的排斥。拉萨城内居住着不少信奉伊斯兰教的穆斯林，他们恪守着自己的宗教信仰，并修建清真寺作为礼拜活动的场所。考察拉萨城内清真寺的位置可以发现，无论是早期修建在城郊的卡基林卡的清真寺，还是中、后期兴建的大清真寺和小清真寺，都位于林廓转经路的外围。林廓转经路几乎围合了拉萨绝大多数的建筑与胜迹，但却在城市的东南角向城内转了一个弯，把以大清真寺和小清真为主的居民区排斥在外。这也进一步印证了佛教文化主导城市道路体系的观点。

（2）未经规划的“迷宫式”的道路网

依据现有研究成果可知，“礼制”营城思想主导下的中原古城，其道路网多为方格形的“棋盘式”的道路网布置方式，道路和道路之间很多时候都等距，纵横不但互相垂直，而且原则上也尽量争取构成正南北向以及与之垂直的东西向。

这种道路网的形成包含着一个非常合理的技术内容，是经过严整的规划而形成的路网（图7–13）。而拉萨的城市道路网却呈现出与此截然不同的布置方式，拉萨的道路体系更倾向于“迷宫式”的道路网络，是没有经过事前规划、自由生长而成的道路体系。只是在道路自由生长的过程中，更多地受到了来自宗教文化，以及“市”等因素的影响。这恰与以藏传佛教文化为主导的西藏文化的特质相呼应，也与拉萨早期因交通便利的位置优势而存在“市”的起因相符合（图7–14）。

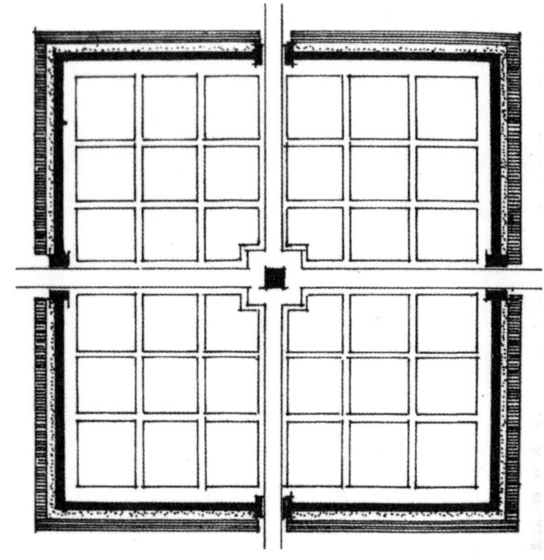

图 7–13 中原古城的棋盘式道路网

拉萨的道路体系受宗教文化影响的发展过程仅在佛教文化后弘期之时，这种影响是在潜移默化的宗教文化熏陶下缓慢形成的，主要表征即是多条环行转经路的出现。然而在此之前的吐蕃王朝和西藏分裂时期的早期，拉萨城的道路体系受

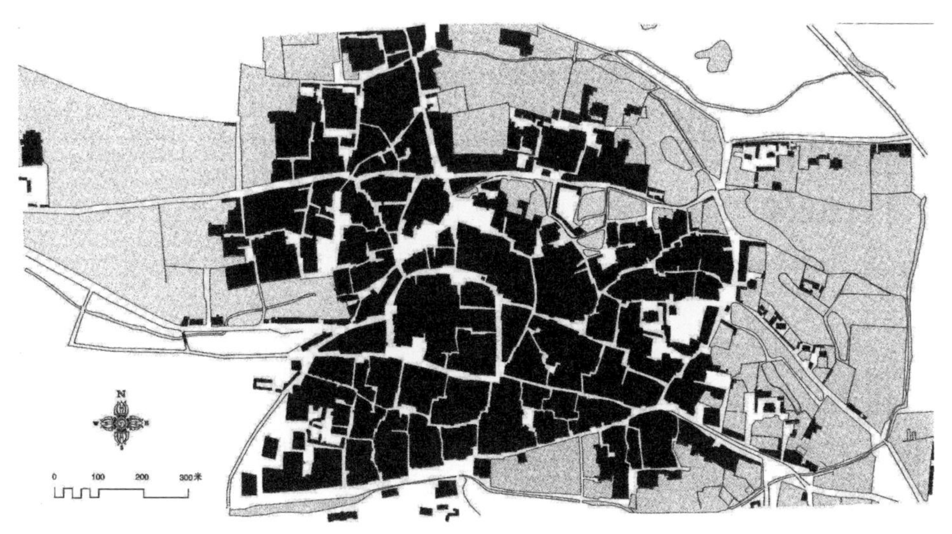


图 7–14 拉萨古城的迷宫式道路网

佛教文化的影响则较少。依据前文分析可知，因为当时绕寺修行的转经方式还没有出现，所以拉萨城区内不可能出现环行的转经路。故而推测早期拉萨的道路体系应是受到来自“市”的影响更多一些。同时，又因其优越的地理位置之故，城内的道路或以方便顺畅为主，推测穿越拉萨城市东西之间的线性道路应是这段时期道路的主体。

在中世纪西欧的城市中，教堂广场是市民日常生活的中心，也是市场，更是交通的一个转接点，因而其道路体系常以教堂广场为中心放射出去，形成蛛网状的放射环状道路系统。这种系统符合城市逐步发展、一圈圈地向外延伸的要求。拉萨虽然在以大昭寺为中心的城区内，也有几条道路以大昭寺为中心呈发散状向外延伸开去，并以八廓和林廓为界形成环形的格局，呈现出与中世纪西欧城市颇为相近的道路系统，但是从拉萨城市整体的宏观角度观察，却没有因之形成单纯的“蛛网状的放射环状”的道路系统。拉萨的城市道路系统受外界交通的影响比较深，连接布达拉宫和大昭寺之间的道路，以及连接大昭寺和城北扎什城之间的道路成为拉萨的主要干道之一。在主要干道之下的街巷则更像是迷宫，人行其间，很难有明确的方向感，这是因为：一方面，转经的修行方式只限定了右旋这一基本方向，围绕散布在街巷内的佛殿、圣迹等转经，只要右旋即可，故多取近便弯转之路，少有直线或直角转弯的道路；另一方面，所有房屋的朝向并没有定规，这与中原房屋讲究朝向的规则不同，拉萨城内建筑未定规划而随意的砌筑方式让街巷变得极不规则，所以城市道路体系中的枝干道路表现出了“迷宫式”的特质。

（3）单行与双行相结合的道路网

通常言及的道路主要功能是作为交通联系的场所，对以人流为主的道路而言，行走其间的人流多为双向的，有来有往。拉萨的中路转经道八廓街，不仅作为朝拜圣地的转经修行方式而存在，也是拉萨古城内的主要道路，承载着交通联系这项基本功能。然而不同的是八廓街上虽然人流如潮，但人潮却从早到晚地仅沿着一个方向流动，即顺时针单向流动。即便是拉萨居民在转经途中，从八廓街的岔路口绕向其他小的寺庙胜迹，当其转回八廓街之时，也依然是顺时针单向流动。这是同时作为城市主要街道的八廓街独具的宗教特质，表现出极强的动势和方向感。

林廓是拉萨的外转经道，绕拉萨城的重要佛教圣地神址一圈，其在宗教方面的功能要强于其交通联系的功能。追溯林廓路的形成，最初即为转经而出现，其交通作用似乎显得无关紧要。林廓路的宽度不一，窄处似有若无[1]，仅能供一人行走，宽处却可跑马。因林廓路的环线比较长，转经之时常常选择行走其中的一段路程，从中途而下，转走其他道路，所以其单向流动的特征不如八廓街来得强烈，但也仍以顺时针单行为主（图 7-15）。

除八廓、林廓之外的城市道路网中，还密布着众多小的街巷道路，这些道路内的人流方向呈现出双行的特征。究其原因，生活便利的需求占了主导因素。大昭寺和布达拉宫、扎什城之间的道路，则取其联系便利之故，故而也呈现出双行的特征。

（4）拉萨城内多样性的道路功能

除了具有交通联系这一基本功能之外，拉萨城内的道路还具有转经修行之用，

图 7-15　围绕布达拉宫转经的信徒

1　“穿过这片绿地，便是一条线条不清晰的羊肠小道。这条路的某些部分小到即使用西藏人的标准来衡量也非常之小，很容易被初来的人忽略掉。但是，这就是拉萨人神圣的转经路，称为林廓（Ling-Kor 外环）。” 沈宗濂，柳陞祺 . 西藏与西藏人 [M]. 柳晓青，译 . 北京：中国藏学出版社，2006：203.

这是影响拉萨城市道路体系的一个重要因素。同时，城内道路也是居民日常生活、贸易交流的场所。此外，拉萨城内的道路还是囚犯示众的场所。“在十字路口，人们可时不时地看见示众的囚犯，以警告平民不要犯罪。……即戴着‘扛’刑刑具，在拉萨的交通要道上公开示众几个星期，然后就会被驱逐出城市。”[1]通常在拉萨城内各主要干道上公开示众的囚犯，所犯之罪并不重，所以可以在路上接受家人的照顾或者路人的施舍，公开示众期满后，大多被驱逐出拉萨城（图 7-16）。拉萨城内交通要道的囚犯示众的功能，可以说是拉萨城的独特一景，被公开示众的囚犯也成为拉萨城的必然组成部分。

图 7-16　拉萨街景——囚犯乞讨

**3. 拉萨城市空间结构的意象表达**

古代印度的建城思想是中央为神殿（寺院），即宗教设施所在，可概括为“中央神域”。这似乎与拉萨以大昭寺为中心的八廓街区域呈现出了相同的布局意象，但是追究其形成的本源，即可发现两者并不等同。在印度，王权是从属于教权的，印度的王权承受者不是排在第一位（等级排序）的婆罗门教，而是排在第二位的刹帝利教。印度的“中央神域”理念是王权和教权的分离，从而反映出王权从属于教权的建城思想。拉萨古城八廓街区域的核心设施是大昭寺，从物质实体的角度来看，似乎就是以寺庙为中心。但西藏形成了是政教合一的制度，政权和教权是融为一体的，因而大昭寺内即供奉有佛像，也设有噶厦政府各机构的办公室，这使其同时具有了世俗行政职能的空间，呈现出双重特性。而基于天命思想的王

1　[英]亨利·海登，西泽·考森．在西藏高原的狩猎与旅游．周国炎，邵鸿，译．北京：中国社会科学出版社，2002：95.

权则是超越宗教的存在，天子所代表的就是最神圣的王权，“择中立宫”即是符合这个思想的都城构成，设有政府机关的大昭寺似乎又显示出与中原都城“择中立宫”颇为相近的布局意象。

然而，以大昭寺为核心的八廓街区域并不能简单地等同于印度都城的“中央神域”，或中原都城的“择中立宫”，应从宏观的角度来审视。对于整个拉萨城而言，虽然布达拉宫和大昭寺同时兼有政治和宗教双重特性，但是大昭寺在政治上的地位要逊于布达拉宫，而在宗教上的地位则强于布达拉宫。大昭寺之于拉萨，更多的是宗教文化层面的意义，是信仰传承的物质载体。布达拉宫之于拉萨，更多的是政权层面的象征意义，体现的是政教合一政权的威严。

此外，中原内地古城强调建立礼制的规划秩序，以及王权至高无上的思想，其在城市中所展现的基本规划结构有“择中立宫”“中轴对称”“讲究尊卑”“井田方格网系统”等，被历代所推崇，奉为城市规划的经典，并随着儒家思想地位的逐步提升，影响越来越大。自东汉以来，我国都城规划基本上都继承了营国制度的传统，如北魏洛阳、曹魏邺城、隋大兴唐长安城、北宋开封、元大都和明清北京等。地方城市的规格低于都城，并受到自然地理条件、政治文化背景、经济发展环境等多种因素的综合影响，但也仍然表达出对礼制思想追求的夙愿。“地方城市多以官署、楼阁或学宫等置于城市中心或轴线的主座上，城市轴线既有形成尊卑分别的功能，也是一种协调各类建筑布局的组织手段，从而形成中国古代城市较为突出的有序感、整体感和较为统一的礼制规划风格。”[1]本书主要借鉴对中原内地古城的解构方式，尝试对拉萨城的空间结构的意象表达做一解读。

（1）择中立佛　信仰传承

对拉萨城而言，中原内地的儒家文化的影响甚为微弱，而更多地展现出佛教文化的影响，“礼佛”代替“礼制”成为西藏地方城市建设的主要思想。“择中立宫”的规划结构演变成为“择中立佛”。拉萨八廓街区域的中心为大昭寺，“礼佛”主导了整个区域的城市空间结构。大昭寺建筑本身近乎中轴对称的轴线也并没有在城市的建设中延伸，环形的转经道与发散式的街巷消解了这条轴线延伸的可能性，同时，它们也共同强化着大昭寺的核心地位。从这种道路体系中无法解读到任何中原内地古城常见的“井田方格网系统”。

1 庄林德，张京祥．中国城市发展与建设史[M]．南京：东南大学出版社，2002:167.

甘丹颇章政权初期，蒙古汉王与达赖喇嘛分别执掌政权与教权，拉萨城内也先后修筑了蒙古汗王的王府两处：甘丹康萨、班觉热丹。依据前文分析可知，其位置都在八廓街环路以外，前者位于大、小昭寺之间的林卡地，后者则位于大昭寺以西的开敞之地，并没有出现中原内地都城常见的“择中立宫”的格局，也没有出现地方府城中择中立王府的格局。可见，新政权建立后，修筑的王府并没有成为拉萨的城市中心，而是以礼佛的谦卑心态分布在大昭寺的周边区域，使得拉萨八廓街区域以“佛”为中心的布局方式得以传承。

（2）择高立宫　尊卑分别

依山而建的布达拉宫是拉萨全城的最高点，布达拉宫区域的雪村则位于布达拉宫的山脚下，即是通过抬升布达拉宫的高度来达到统领全区甚至全城的效果。在这里“建筑高度”取代了“城市轴线”，发挥区分城市内尊卑分别的功能，建筑的高度通常是其主人身份地位的反映。雪村内各类普通建筑没有水平向轴线的控制，仍然都是杂乱无序地修筑其间，低矮的建筑高度让其以一种谦卑的姿态匍匐在布达拉宫的脚下，从而成就了拉萨在竖向高度上的极为突出的秩序感、整体感。

布达拉宫作为政教合一政权的核心所在，在一定程度上也可以说是寺庙建筑。内供的“鲁格夏热”圣观音神像，不仅是达赖喇嘛修习的本尊之神，也是布达拉的灵魂所在。宫与佛、政与教的有力结合强化了布达拉宫的崇高地位。布达拉宫的营建时间比较长，且没有经过专门的规划，但观其外观，虽没有严整的中轴线，仍然呈现出了均衡对称的庄严气势。

# 结　语

目前对于拉萨城市的研究主要集中在历史学、社会学和民族学等领域，对拉萨城内主要建筑的发展历史、宗教信仰、藏民族习俗等的探讨最为多见，而从建筑学角度对拉萨城市建设史和城市空间形态进行研究的成果极少，时间段上多集中在当代，研究地段上多集中在八廓街区域，关注点多为城市内的藏式传统建筑类型及典型案例，以及当代城市规划、城市建设和城市风貌等。有关拉萨城市的历史发展状况，以及城市空间形态等方面的研究关注不够。本书研究旨在通过对拉萨城市史的研究，丰富中国城市史中关于少数民族城市史的研究内容，为深入的研究提供一个典型的研究案例，并为当代西藏地方城市的建设与发展提供有益借鉴，因而在现实意义上具有一定的价值。

本书通过对文献的考据，现存实体的实地调研，以及唐卡、壁画、地图的图像学研究，运用城市史学的研究方法，以城市形态学为主的多学科交叉，以及比较分析的方法等，尝试探讨纵向的拉萨城市发展脉络，并以甘丹颇章政权时期的拉萨为主体，重点研究该时期拉萨城市的发展变迁及城市空间形态。研究视域既有宏观的历史和区域的考察，也有中观的城市结构体系的考察，还有微观的街巷、建筑单体的考察。既有静态的城市形态的研究，也有动态的宏观的城市变迁动力，以及微观的城市空间运作和生长模式的研究。

从宏观的区域角度出发考察拉萨城市，是本书研究的一个基准点。拉萨的发展演变历时悠久。它的兴建与复兴都是基于其有利的区位优势，同时也呈现出与佛法弘传的兴衰相吻合的趋势。作为文化发展载体之一的城市——拉萨的发展表现出与佛教文化发展相一致的生命曲线，从这个层面来讲，可以说拉萨是当之无愧的佛教文化圣城。甘丹颇章政权时期，重定首府于拉萨，使拉萨成为西藏政教合一政权的典型城市，掀起了拉萨城市史中的一次发展高潮。其政权和教权合二为一而营建的城市建筑和城市空间，无不与政教合一的特质相契合。

拉萨凭借其地理位置的优势，自古以来就是区域间经济、文化交流的要冲，与周边地域有着频繁的商贸往来和文化交融。因而解读拉萨必然要将其放入大文化区域的背景之下，这也是本书研究的基准点之一。同时，本书关注拉萨之于整个藏区的城市体系，探究拉萨在藏区城市体系中的地位，以利于解读拉萨城市的典型性特征。书中对“城”的含义辨析，对文献中记载的拉萨城区规模与人口规模的梳理，以及对拉萨城市边界意向的探讨等，均有利于厘清对拉萨“城”的感性认识误区。其中关于拉萨是否建有城墙一说，一直是学界的疑案，书中依据史料记载和历史图集等对此问题进行了较为深入的挖掘和探讨，提出拉萨城市曾经筑造过城墙的观点，并对城墙的风貌进行了研究。

本书关注的焦点为甘丹颇章政权时期的拉萨的城市空间。书中对拉萨城市空间的考察并没有局限于传统的静态的形态考察，而是将城市空间研究放置在更广阔的背景中，将研究的触角深入到政治、宗教、经济、生活等各个领域。城市本身是众多动态实践交织的场所，又会因这些动态实践而改变；城市容纳了各种多元的空间，又会为这些空间进行调整和适应。这也是本书花费笔墨从微观角度研究拉萨的常规的政治实践、世俗仪典、宗教活动、城市人口、城市管理、社会状况的原因。这种全方位的考察，有助于从多个层面探讨拉萨城市空间结构的生成机制，有助于抛开城市的表面现象而深入地探查决定城市空间发展的实质力量。为此，本书将城市空间形态的研究和城市的权力运作空间、宗教信仰空间、手工业和商业的实践空间、生活空间等研究紧密交织在一起，用动态的视角来考察他们之间的互动关系。

从权力视角考察拉萨的政治空间，可以发现与其政教合一的政权特质相匹配的城市空间。以布达拉宫和大昭寺为代表的主要建筑呈现出“政”与“教”的双重特质，它们与驻藏大臣衙门、朗孜厦、雪勒空等普通官署建筑，以及扎什城兵营等一起构成了甘丹颇章政权的权力运作枢纽。政教合一的政权体系通过一系列常规的政治活动和仪典等动态实践，影响着拉萨城市空间的发展，在其独特的运作模式下展开了拉萨城市的权力空间序列。在城市空间构图中也呈现出以大昭寺为中心的圆形的平面空间布局意向，以及以布达拉宫为制高点的在竖向空间上的隐含的轴线关系。

藏传佛教文化是西藏文化的核心，也是历史上居于西藏统治地位的意识形态，其对拉萨城市空间的影响颇为深远，成为研究拉萨城市空间不可缺失的一环。拉萨城内外遍布数量众多、规模大小不一的佛教寺庙，有力地提升了拉萨佛教圣城的地位。以转经为代表的各种修行方式和以传召大法会为代表的多样的宗教节日都是拉萨城内极具特色的以宗教信仰为核心的动态实践。正是在这些动态实践的运作下，形成了拉萨独特的城市道路体系和城市广场空间。

# 附录　城市年代表

**公元前 2000 年**

公元前 2000 年或稍早一些，大体与中原龙山文化的晚期相当。拉萨北郊曲贡村新石器时代遗址，属拉萨河谷边缘地带，海拔 3 680~3 690 米，丰富的出土遗存证明当时拉萨地区已经有居民的定居点。

**鹘提悉补野王统世系**

始于聂墀赞普之时，至松赞干布的祖父达日年西之时，今拉萨河流域即有森波杰（王）达甲吾和墀邦松分别统治。

**赞普松赞干布之时**

出于政治和军事的需要，考虑迁都吉曲河（拉萨河）下游吉雪沃塘一带，于红山之上修建宫殿，定都于逻些。

**公元 643 年至公元 648 年之间**

兴建有大昭寺（羊土神变寺、羊土幻现寺）和小昭寺（甲达绕木齐寺）。分别安放尼泊尔墀尊公主和唐朝文成公主给吐蕃带来的释迦牟尼佛像。

**赞普墀松德赞执政之初**

发生佛苯之争，拆毁了拉萨喀扎、札玛郑桑两座佛殿，小昭寺的不动金刚佛像由于 300 人也拉不动，就被埋到沙土里，又把大昭寺和小昭寺的两尊觉卧佛像运到阿里的吉隆，还把所有在拉萨的汉族和尚送回汉地，小昭寺和大昭寺分别改成了作坊和屠宰场。

**赞普赤德松赞**

继续兴佛，修建逻些大昭寺的回廊，还在大昭寺和桑耶寺等处建立了十二处讲经院。

**赞普赤祖德赞・热巴坚**

同样热心兴佛，在拉萨东面建噶鹿及木鹿寺，南面建噶瓦及噶卫沃，北面建正康，及正康塔马等寺。

**公元 838 年**

达玛乌东赞被崇苯反佛的大臣拥立为赞普。因为禁佛措施的执行，拉萨城内的小寺庙均被毁掉，城市发展受到一定冲击。

**公元 869 年**

从此年起连续发生平民暴动，许多吐蕃时期修建的宫堡城寨在这一时期被毁于兵燹。当时在以拉萨为中心的卫茹地方发生了卓氏（Vbro）和白氏（Sbas）之间的内战，韦・罗普罗穷（Dbavs-lo-pho-chung）乘机而起掀起了拉萨地区的平民暴动。

**公元 978 年**

鲁梅等十人受戒后回到卫藏弘扬佛法。开始在拉萨及其周边地方兴建寺庙，其中有名的寺庙多达 12 座，并以这些寺庙为基地发展形成了一些教派，促使拉萨重新开始向佛教圣城的方向发展。

**公元 1045 年**

卫藏各地方领袖人物共同商议，迎请阿底峡前往拉萨弘扬佛法。公元 1054 年阿底峡在拉萨以西的聂唐寺去世。

**公元 1239 年**

阔端派大将多达那波率蒙古军三万多人，打到拉萨，毁坏布达拉宫，焚烧热振寺和杰拉康寺，驻防在拉萨以北热振寺一带，并搜集西藏各地方势力和各教派情况。

**公元 1265 年**

元世祖忽必烈封给八思巴除了阿里和安多以外的西藏十三万户。元代拉萨属于蔡巴万户的管辖范围，蔡巴万户由噶尔氏家世代担任万户长，并与以蔡贡塘寺为据点的蔡巴噶举派的宗教势力结合成为雄踞一方的地方势力。公元 1268 年，蔡巴桑结俄智任蔡巴万户长官职，统辖拉萨市区。

**公元 1353 年**

元朝册封绛曲坚赞为大司徒，并给以世代执掌西藏地方政权的诏册和印信，帕竹地方政权建立，首府设在乃东。帕竹第悉绛曲坚赞先后兴建了 13 个大宗，拉萨当时属内邬宗管辖。

**公元 15 世纪初叶**

格鲁派创立，创始人是宗喀巴。属于藏传佛教各教派中最晚兴起的教派，它以拉萨为据点，势力迅速扩张，其发展改变了各教派的平衡局面，并最终成为在西藏社会中长期占统治地位的一个教派。

**公元 1642 年（藏历第十一绕迥水马年）**

蒙古和硕特部以及格鲁派联合统治西藏的甘丹颇章政权建立。选定格鲁派兴盛的拉萨作为新政权的首府所在地，使拉萨一跃成为西藏的政教权力中心。拉萨得到大力兴建，城市的规模得以不断扩大，城市的空间格局也随之发生演变。为巩固政教大权所进行的建设项目数量众多，在拉萨主要以布达拉宫的兴建和大昭寺的修扩建为主，另有一些寺庙、府邸和民居也得以兴建。

**公元 1645 年**

开始于拉萨玛布日山上兴建布达拉宫。布达拉宫是甘丹颇章政权的标志性建筑，直至1653 年才竣工。

**公元 1690 年**

第悉・桑结嘉措开始主持布达拉宫的后续整修和扩建工作，尤其是红宫的建设，同时还建造了金塔以存放五世达赖喇嘛的尸骸。公元 1690 年 2 月 22 日，红宫奠基，公元 1694 年举行了隆重的红宫落成典礼，并在宫前立无字石碑，以示纪念。以后又经过半个世纪的不断修缮和建造，最终落成后的布达拉宫 13 层，高约 117 米，面积 13 万平方米。

**公元 1717 年**

准噶尔部蒙古军偷袭西藏，进军拉萨。清朝中央政府从 1718 年到 l720 年间先后两次派兵入藏，驱逐了全部准噶尔军队。

**公元 1721 年**

清朝决定废除第悉职位，设立四名噶伦共同管理政务，标志着厄鲁特蒙古贵族控制西藏地方政权的历史结束，清朝直接任命上层僧俗分子掌握地方政权的开始。

**公元 1727 年**

清朝在拉萨正式设立驻藏大臣，建立官署，并派遣办事大臣和帮办大臣二人常驻拉萨，督办西藏事务。

**公元 1739 年**

晋封颇罗鼐为郡王 ( 俗称藏王 )，清朝正式在西藏推行在驻藏大臣监督下由藏王主持藏政的行政管理体制。

**公元 1750 年**

世袭藏王珠尔墨持那木扎勒意欲叛乱，驻藏大臣设法剪除了珠尔墨持那木扎勒，其后清廷废除了郡王掌政制度。

**公元 1751 年**

由皇帝批准颁行“善后章程”( 十三条 )，规定了达赖喇嘛和驻藏大臣共同掌握西藏要务的体制，订立吏政、边防、差徭等制度。在拉萨正式建立噶厦政府，内设四噶伦，由三俗一僧充任，地位平等，秉承驻藏大臣和达赖喇嘛的指示，共同处理藏政。

**公元 1754 年**

在布达拉宫设立了僧官学校和译仓机构，制定了僧官学校的规章制度，并把毕业的大批僧官派往噶厦政府和各宗谿任职。

**公元 1757 年**

创设了达赖喇嘛未亲政时的“摄政”制度。

**公元 1791—1792 年**

清廷派兵入藏反击廓尔喀军队的入侵，取得胜利。

**公元 1793 年**

清朝颁布了《锁定藏内善后章程》（二十九条），对西藏政府的组织、政治、财政、金融、军事、外交及达赖、班禅转世等方面，都分别作了详细规定。《钦定藏内善后章程》的颁布标志着清朝对西藏的统治达到全盛时期。

**公元 1890 年**

驻藏大臣升泰代表清政府和英国签订了《中英会议藏印条约》。

**公元 1906 年 4 月**

清朝派遣张荫棠以驻藏帮办大臣的身份入藏查办藏事，对西藏实行政治经济改革，训练军队，变革图强。

**公元 1912 年**

12 月中旬，流亡印度的十三世达赖喇嘛回到拉萨，开始着手改革，推行新政，以试图自强。他所采取的一系列改革措施使包括拉萨在内的西藏地方开始走向近代化的道路。

**公元 1940 年**

国民政府在拉萨正式设立了蒙藏委员会驻藏办事处，开始整治西藏事务。其采取的部分措施较好地推动了西藏地方的近代化历程。

**公元 1951 年**

5 月 23 日，十三世达赖喇嘛亲政，派代表团赴京谈判，正式签订“十七条和平协议”。10 月 26 日，人民解放军驻藏部队到达拉萨，受到欢迎。

**公元 1959 年**

西藏进行民主改革。

**公元 1965 年**

9 月，西藏自治区宣告成立，以拉萨为首府。

# 图片索引

## 第一章 拉萨的历史沿革



## 第二章 拉萨的城市基础与文化构成

庆二十五年（1820）的西藏地图）

图 2–2　唐蕃丝绸之路与唐蕃古道示意，图片来源：根据《中国古代道路交通史》绘制

图 2–3　西藏文化与周边文化圈，图片来源：根据《中国历史地图集》绘制（底图为嘉庆二十五年（1820）的清时期全图）

**第三章　拉萨官署建筑**

图 3–1　布达拉宫，图片来源：焦自云摄

图 3–2　20 世纪中叶的布达拉宫，图片来源：《老拉萨 圣城暮色》（陈宗烈摄于 1950 年代）

图 3–3　布达拉宫白宫四层平面，图片来源：《中国藏族建筑》

图 3–4　布达拉宫白宫七层平面，图片来源：《中国藏族建筑》

图 3–5　布达拉宫红宫四层平面，图片来源：焦自云绘

图 3–6　布达拉宫红宫的金顶，图片来源：焦自云摄

图 3–7　大昭寺，图片来源：焦自云摄

图 3–8　大昭寺各层平面，图片来源：《中国藏族建筑》

图 3–9　冲赛康，图片来源：焦自云摄《拉萨建筑文化遗产》

图 3–10　鲁布衙门，图片来源：《百年西藏》（清乾隆年间绘制《拉萨画卷》）

图 3–11　鲁布衙门入口，图片来源：《老拉萨 圣城暮色》

图 3–12　朗孜厦，图片来源：《拉萨历史城市地图集》

图 3–13　雪勒空 1，图片来源：焦自云摄

图 3–14　雪勒空 2，图片来源：《西藏古今》（摄于 1957 年）

图 3–15　宁波的定海城，图片来源：《华夏意匠》

图 3–16　扎什城 1，图片来源：根据《拉萨历史城市地图集》中 L. 奥斯汀 · 瓦德尔 1905 年所绘《拉萨市郊区示意图》绘制

图 3–17　扎什城 2，图片来源：《西藏人文地理》（吉森辛格 1878 年绘制的《拉萨市郊区示意图》）

**第四章　拉萨宗教建筑**

图 4–1　小昭寺，图片来源：焦自云摄

图 4–2　小昭寺一层平面，图片来源：《拉萨建筑文化遗产》

**第五章　拉萨传统居住建筑**

图 5-8　彭康府邸院内一角，图片来源：焦自云摄

图 5-9　迪吉林卡内的擦绒召康，图片来源：《在西藏高原狩猎和旅游》

图 5-10　达东夏天井，图片来源：汪永平摄

图 5-11　达东夏剖面图，图片来源：《拉萨建筑文化遗产》

图 5-12　北京丛康内院，图片来源：焦自云摄

## 第六章　拉萨林卡

图 6-1　罗布林卡壁画：颐和园，图片来源：汪永平摄

图 6-2　罗布林卡：湖心宫与西龙王宫，图片来源：汪永平摄

图 6-3　拉萨林卡分布图，图片来源：根据《拉萨历史城市地图集》吉森辛格 1878 年所绘的“拉萨平面图”绘制

图 6-4　拉萨平面，图片来源：《拉萨历史城市地图集》（C.H.D. 瑞德和 H.M. 高巍绘制）

图 6-5　罗布林卡平面，图片来源：《拉萨建筑文化遗产》

图 6-6　罗布林卡：达丹明久颇章，图片来源：汪永平摄

图 6-7　罗布林卡大门，图片来源：《老拉萨 圣城暮色》

图 6-8　龙王潭：龙王宫，图片来源：焦自云摄

图 6-9　辩经场，图片来源：《雪域求法记》（民国邢肃芝摄）

图 6-10　林卡中的野餐，图片来源：《西藏贵族世家》

图 6-11　布达拉宫门前的竞技大草坪，图片来源：《拉萨历史城市地图集》

## 第七章　拉萨历史街区与城市公共空间

图 7-1　八廓街区域的街巷体系，图片来源：根据《拉萨历史城市地图集》绘制

图 7-2　八廓街区域的纪念性元素和主要建筑示意图，图片来源：根据《拉萨八廓街区历史古建筑简介》绘制

图 7-3　壁画：八廓街，图片来源：《The Temples of Lhasa》

图 7-4　大昭寺西门前的石碑，图片来源：《雪域求法记》

图 7-5　《拉萨平面图》中的市场，图片来源：《拉萨历史城市地图集》（L. 奥斯汀 · 瓦德尔 1905 年绘制）

图 7-6　两处通往市场的汉式牌楼，图片来源：《拉萨历史城市地图集》（民国时期藏族人绘制的“拉萨图”）

# 参考文献

## 正史文集

1. [ 后晋 ] 刘昫 . 旧唐书 [M]. 北京：中华书局，2002

2. [ 宋 ] 欧阳修 . 新唐书 [M]. 北京：中华书局，2003

3. [ 宋 ] 王钦若 . 册府元龟 [M]. 北京：中华书局，2003

4. 苏晋仁编 .〈资治通鉴〉吐蕃史料 [M]. 拉萨：西藏人民出版社，1982

5. [ 清 ] 张其勤原稿 . 清代藏事辑要 [M]. 拉萨：西藏人民出版社，1983

6. [ 清 ] 周霭联 . 西藏纪游 [M]. 卷四 . 北京：中国藏学出版社，2007

7. [ 清 ] 肖腾麟 . 西藏见闻录 [M]. 台北：中正书局，1951

8. [ 民国 ] 张伯桢撰 . 西藏圣迹考 [M]. 上海 : 上海书店出版社 , 1994

9. [ 民国 ] 朱少逸 . 拉萨见闻记 [M]. 商务印书馆，1947

10. 汤开建、刘建丽辑校 . 宋代吐蕃史料集 [M]. 成都：四川民族出版社，1986

11. 吴丰培辑 . 清代西藏史料丛刊（第一集）[M]. 台北：文海出版社，1985

12. 顾祖成编 .《〈清实录〉藏族史料》（10 册）[M] . 拉萨：西藏人民出版社，1982

13. 西藏研究编辑部编 . 西藏志 卫藏通志合刊 [M]. 拉萨：西藏人民出版社，1982

14.《西藏研究》编辑部编 . 西招图略 西藏图考 [M]. 拉萨：西藏人民出版社，1982

15. 西藏社会科学院西藏学汉文文献编辑室编辑 . 西藏地方志资料集成（第一集）[M]. 北京：中国藏学出版社，1999

16. 西藏自治区政协文史资料研究委员会编 . 西藏文史资料选辑（1–17）[M]. 北京：民族出版社，1984

17. 何金文编著 . 西藏志书述略 [M]. 吉林省地方志编纂委员会、吉林省图书馆学会，1985

18. 西藏社会历史调查资料丛刊编辑组 . 藏族社会历史调查 ( 合集 ) [M]. 拉萨：西藏人民出版社，1988

## 中文专著

19. 陈庆英，高淑芬主编 . 西藏通史 [M]. 中州古籍出版社，2003

20. 傅崇兰主编 . 拉萨史 [M]. 北京：中国社科院出版社，1994

21. 陈庆英等编著 . 历辈达赖喇嘛生平形象历史 [M]. 北京：中国藏学出版社，2006

22. 宿白 . 藏传佛教寺院考古 [M]. 北京：文物出版社，1996

23. 陈耀东著 . 中国藏族建筑 [M]. 北京：中国建筑工业出版社，2004

24. 汪永平主编 . 拉萨建筑文化遗产 [M]. 南京：东南大学出版社，2005

25. 徐宗威主编 . 西藏传统建筑导则 [M]. 北京：中国建筑工业出版社，2002

26. 杨嘉铭、赵心愚、杨环著 . 西藏建筑的历史文化 [M]. 西宁：青海人民出版社，2003

27. 西藏自治区建筑勘察设计院、中国建筑技术研究院历史所编 . 布达拉宫 [M]. 北京：中国建筑工业出版社，1999.

28. 西藏自治区建筑勘察设计院编 . 大昭寺 [M]. 北京：中国建筑工业出版社，1985

29. 西藏自治区建筑勘察设计院编 . 罗布林卡 [M]. 北京：中国建筑工业出版社，1985

30. 姜怀英、噶苏・彭措朗杰、王明星编著 . 西藏布达拉宫修缮工程报告 [M]. 北京：文物出版社，1994

31. 中国社会科学研究院民族研究所、中国藏学研究中心社会经济所合编 . 西藏的商业与手工业调查研究 [M]. 北京：中国藏学出版社，2000

32. 陈楠著 . 藏史新考 [M]. 北京：中央民族大学出版社，2009

33. 吴丰培、曾国庆编撰 . 清代驻藏大臣史略 [M]. 拉萨：西藏人民出版社，1988

34. 中国社会科学院考古研究所、西藏自治区文物局编著 . 拉萨曲贡 [M]. 北京：中国大百科全书出版社，1999

35. 王尧，陈庆英主编 . 西藏历史文化辞典 [M]. 拉萨：西藏人民出版社、浙江人民出版社，1998

36. 牙含章编著 . 达赖喇嘛传 [M]. 拉萨：西藏人民出版社，1984

37. 牙含章编著 . 班禅额尔德尼传 [M]. 拉萨：西藏人民出版社，1987

38. 孙炯著 . 西藏旧事 [M]. 北京：中国社会科学出版社，2010

39. 沈宗濂、柳陞祺著 . 西藏与西藏人 [M]. 柳晓青译、邓锐龄审订 . 北京：中国藏学出版社，2006

40. 邢肃芝（洛桑珍珠）口述，张健飞、杨念群笔述 . 雪域求法记——一个汉人喇嘛的口述史 [M]. 北京：三联书店，2003

41. 杜文凯编 . 清代西人见闻录 [M]. 北京：中国人民大学出版社，1985

42. 廖东凡、张晓明、周爱明、陈宗烈编著 . 图说西藏古今 [M]. 北京：华文出版社，2007：129–130

43. 中国第二历史档案馆、陈宗烈供稿，马丽华著文．老拉萨圣城暮色 [M]. 南京：江苏美术出版社，2002

44. 廖东凡著．拉萨掌故 [M]. 北京：中国藏学出版社，2008

45. 索朗旺堆、张仲立主编．西藏自治区文物管理委员会编．拉萨文物志 [M]（内部资料）.1985

46. 谭其骧主编．中国历史地图集 [M]. 香港：三联书店 ,1992

47. 武振华主编．西藏地名 [M]. 北京：中国藏学出版社，1996

**藏文译著**

48. 恰白・次旦平措，诺章・吴坚，平措次仁著．西藏通史—松石宝串（第二版）[M]. 陈庆英，格桑意西，何宗英，许德存译．西藏社会科学院，中国西藏杂志社，西藏故藉出版社，2004

49. 王尧、陈践译注．敦煌古藏文文献探索集 [M]. 上海：上海古籍出版社．2008

50. 王尧 陈践译注．敦煌本吐蕃历史文书 [M]. 北京：民族出版社，1992

51. 索南坚赞著．西藏王统记 [M]. 刘立千译注．北京：民族出版社，2000

52. 五世达赖喇嘛著．西藏王臣记 [M]. 刘立千译注．北京：民族出版社，2000

53. 钦则旺布著．卫藏道场胜迹志 [M]. 刘立千译注．北京：民族出版社，2000

54. 达仓宗巴・班觉桑布著．汉藏史集贤者喜乐赡部洲明鉴 [M]. 陈庆英译．拉萨：西藏人民出版社，1986

55. 五世达赖喇嘛阿旺洛桑嘉措著．一世至四世达赖喇嘛传 [M]. 陈庆英、马连龙，北京：中国藏学出版社，2006

56. 五世达赖喇嘛阿旺洛桑嘉措著．五世达赖喇嘛传 [M]. 陈庆英、马连龙、马林译．北京：中国藏学出版社，2006

57. 章嘉・若贝多杰著．七世达赖喇嘛传 [M]. 蒲文成译．北京：中国藏学出版社，2006

58. 第穆呼图克图・洛桑图丹晋美嘉措著．八世达赖喇嘛传 [M]. 冯智译．北京：中国藏学出版社，2006

59. 第穆・图丹晋美嘉措著．九世达赖喇嘛传 [M]. 王维强译．北京：中国藏学出版社，2006

60. 普布觉活佛洛桑楚臣强巴嘉措著．十二世达赖喇嘛传 [M]. 熊文彬译．北京：中国藏学出版社，2006

61. 廓诺・讯鲁伯 . 青史（第二版）[M]. 郭和卿译 . 拉萨：西藏人民出版社，2003

62. 蔡巴・贡嘎多吉著，东嘎・洛桑赤烈校注 . 红史（第二版）[M]. 陈庆英、周润年译 . 拉萨：西藏人民出版社，2002

63. 班钦索南查巴著 . 新红史（第二版）[M]. 黄颢译 . 拉萨：西藏人民出版社，2002

64. 觉囊达热那他著 . 后藏志（第二版）[M]. 佘万治译，阿旺校订 . 拉萨：西藏人民出版社，2002

65. 多卡夏仲・策仁旺杰著 . 颇罗鼐传（第二版）[M]. 汤池安译 . 拉萨：西藏人民出版社，2002

66. 巴俄・珠拉赤瓦 . 智者喜宴 [M]. 北京：民族出版社，1984

67. 第悉桑结嘉措著 . 格鲁派教法史——黄琉璃宝鉴 [M]. 拉萨：西藏人民出版社，2009

**外文专著、译著**

68. André Alexander. The Temples of Lhasa: Tibetan Buddhist architecture from the 7th to the 21st centuries [M].Serindia，2005

69. Françoise Pommaret-Imaeda. Lhasa in the seventeenth century: the capital of the Dalai Lamas [M]. BRILL，2003

70. Knud Larsen,，Amund Sinding-Larsen 著 . 拉萨历史地图集——传统西藏建筑与城市景观 [M]. 李鸽（中文），木雅・曲吉建才（藏文）译 . 北京：中国建筑工业出版社，2005

71. [ 古印度 ] 阿底峡尊者发掘 . 柱简史——松赞干布的遗训 [M]. 卢亚军译注 . 北京：中国藏学出版社，2010

72. 佚名著 . 世界境域志 [M]. 王治莱译注 . 北京：上海古籍出版社，2010

73. 《国外藏学研究译文集》编写组 . 国外藏学研究译文集 [M]（合集）. 拉萨：西藏人民出版社

74. [ 英 ] 斯潘塞・查普曼著 . 圣城拉萨 [M]. 向红笳、凌小菲译 . 北京：中国藏学出版社，2006

75. [ 英 ] 亨利・海登，西泽・考森著 . 在西藏高原的狩猎与旅游 . 周国炎，邵鸿译，王启龙主编 . 北京：中国社会科学出版社，成都：四川民族出版社，2002

76. [ 英 ] 克莱门茨・R・马克姆编著 . 叩响雪域高原的门扉——乔治・波格尔西藏见闻及托马斯・曼宁拉萨之行纪实 [M]. 张皓、姚乐野译，石硕、王启龙校，王启龙主编 . 成都：

四川民族出版社，北京：中国社会科学出版社，2002

77. [ 意 ] 毕达克著 .1728 — 1959 西藏的贵族和政府 [M]. 沈为荣、宋黎明译 .. 北京：中国藏学出版社，1990

78. [ 印 ] 萨拉特・钱德拉・达斯著 . 拉萨及西藏中部旅行记 [M]. [ 美 ]W.W. 罗克希尔编，陈观胜、李培茱译 . 北京：中国藏学出版社，2004

79. [ 美 ] 梅・戈尔斯坦著 . 喇嘛王国的覆灭 [M]. 杜永彬译 . 北京：中国藏学出版社，2005

80. [ 英 ] 埃德蒙・坎德勒著 . 拉萨真面目 [M]. 尹建新、苏平译 .，尹建新校 . 北京：西藏人民出版社 ,1989

81. [ 法 ] 亚历山德莉娅・大卫・妮尔 . 一个巴黎女子的拉萨历险记 [M]. 耿昇译 . 东方出版社，2002

**期刊论文**

82. 魏伟、李博寻、焦永利 . 藏区中心城市的演变及格局研究 [J]. 建筑学报，2007（07）:80–84

83. 陈崇凯 . 藏传佛教地区的关帝崇拜与关帝庙考述 [J]. 西藏民族研究，1999（02）：183–192

84. 董莉英 . 天主教在西藏的传播（16–18 世纪）及其影响——兼论中西文化的碰撞与交流 [J]. 西藏大学学报，2004（09）：60–67

85. 谢延杰、洛桑群觉 . 关于西藏边境贸易情况的历史追溯 [J]. 西藏大学学报 .1994（09）：48–51

86. 房建昌 . 西藏基督教史（上）[J]. 西藏研究 .1990（01）：83–92

87. 房建昌 . 西藏基督教史（下）[J]. 西藏研究 .1990（02）：93–100

88. 房建昌 . 西藏的回族及其清真寺考略—兼论伊斯兰教在西藏的传播及其影响 [J]. 西藏研究，1988（04）：102–114

89. 祁美琴、赵阳 . 关于清代藏史及驻藏大臣研究的几点思考 [J]. 中国藏学，2009（02）：23–34

90. 欧朝贵 . 清代驻藏大臣衙门考 [J]. 西藏研究 [J]，1988（01）：43–53

91. 伍昆明 . 早期传教士进藏活动史 [M]. 北京：中国藏学出版社，1992：424

92. 王永红 . 略论天主教在西藏的早期活动 [J]. 西藏研究，1989（03）：59–66

93. 张世明 . 清代西藏社会经济的产业结构 [J]，西藏研究，1991（01）:18–25

图书在版编目（CIP）数据

拉萨城市与建筑 / 焦自云，欧雷著 .-- 南京：东南大学出版社，2017.5
（喜马拉雅城市与建筑文化遗产丛书 / 汪永平主编）
ISBN 978-7-5641-6844-5

Ⅰ. ①日… Ⅱ. ①焦… ②欧… Ⅲ. ①古建筑-建筑艺术-拉萨 Ⅳ. ① TU-092.975.1

中国版本图书馆 CIP 数据核字（2016）第 273437 号

**书　　名：**拉萨城市与建筑
**责任编辑：**戴　丽　魏晓平
**装帧方案：**王少陵
**责任印制：**周荣虎
**出版发行：**东南大学出版社
**社　　址：**南京市四牌楼 2 号
**邮　　编：**210096
**出 版 人：**江建中
**网　　址：**http://www.seupress.com
**电子邮箱：**press@seupress.com
**印　　刷：**深圳市精彩印联合印务有限公司
**经　　销：**全国各地新华书店
**开　　本：**700mm×1000mm　1/16
**印　　张：**12.75
**字　　数：**241 千字
**版　　次：**2017 年 5 月第 1 版
**印　　次：**2017 年 9 月第 2 次印刷
**书　　号：**ISBN 978-7-5641-6844-5
**定　　价：**79.00 元

---

若有印装质量问题，请与营销部联系。电话：025-83791830